Pia Gröning

ulmer

SPIELE & ACTION FÜR JAGDHUNDE

Retriever, Weimaraner, Beagle & Co. rassegerecht beschäftigen

Unsere jagenden Hunde

Spiele für draußen

Spiele für drinnen

Sportarten für Jagdhunde

Unsere jagenden Hunde

Spezialisten unter sich

Sie haben einen jagdfreudigen Hund und wollen ihn rassetypisch beschäftigen? Wunderbar! In diesem Buch werden Sie hierzu viele Anregungen finden.

Zunächst gilt es allerdings, herauszufinden, zu welchem Typ Ihr Vierbeiner gehört. Denn Jagdhund ist nicht gleich Jagdhund, es gibt enorme Unterschiede: Jede Jagdhundrasse wurde ursprünglich für einen ganz speziellen Einsatz gezüchtet, angepasst an die Anforderungen von Natur und Fauna der jeweiligen Region und natürlich dem vorherrschenden Wild. Entsprechend unterschiedlich sind auch die „Talente“ und Vorlieben unserer Vierbeiner.

Die Zuordnung zu einer Rassegruppe ermöglicht bereits eine grobe Einschätzung, welche genetisch bedingten Bedürfnisse Ihr Hund vermutlich hat und in welche Richtung sich die jagdähnliche Beschäftigung demnach entwickeln könnte. Zählt die Rasse beispielsweise zu den Vorsteh- oder zu den Stöberhunden? Ist er ein Schweiß- oder ein Erdhund? Oder eher ein Apportierer? Vielleicht hatte Ihr Vierbeiner in seiner ursprünglichen Heimat sogar einen ganz besonderen Job, wie zum Beispiel Löwen zu stellen?

Leistung oder Schönheit?

Wenn Sie sich als Nicht-Jäger einen Jagdhundwelpen anschaffen, sollten Sie sich auf Vierbeiner konzentrieren, die nicht aus Leistungslinien, sondern aus sogenannten Showlinien stammen. Denn genetisch fixiertes Verhalten – und ganz besonders das Jagdverhalten – lässt sich nicht einfach wegtrainieren oder unterdrücken, egal mit welchen Methoden. Ziel kann hier immer nur ein sehr guter Gehorsam sein und den Hund möglichst jagdähnlich auszulasten. In diesem Buch geht es vor allem um den zweiten Teil, also die jagdähnliche Beschäftigung – und das mit möglichst viel Spaß!

TIPP

Schauen Sie doch mal auf der Website des Rasseclubs Ihres Jagdhundes nach, wie die Rasse eigentlich entstanden ist und wofür sie ursprünglich verwendet wurde – und vielleicht heute noch wird.

Als Nicht-Jäger machen Sie sich das Leben mit einem Jagdhund aus einer Arbeitslinie eventuell unnötig schwer.

Die Allrounder: Vorstehhunde

Vorstehhunde gelten bei deutschen Jägern als „Mädchen für alles“: Sie arbeiten sowohl vor als auch nach dem Schuss. Das bedeutet, sie stöbern in Dickichten, verfolgen Spuren, suchen große Flächen ab, sie schwimmen durch Schilf – das alles, um Wild in Bewegung zu setzen, es dem Jäger anzuzeigen und ihm die Möglichkeit zu einem sicheren Schuss zu geben. Nachdem der Schuss gefallen ist, sollen diese Hunde entweder erlegtes Wild apportieren oder, falls es zu groß dafür ist, den Jäger dorthin führen. Darüber hinaus ist es ihre Aufgabe, verwundetes, flüchtendes Wild verfolgen, zu stellen oder zur Strecke zu bringen.

In Deutschland eingesetzte Vorstehhunde sind der Deutsch Drahthaar, Deutsch Kurzhaar, Deutsch Langhaar und Deutsch Stichelhaar, der Pudelpointer, der Kleine und der Große Münsterländer, Weimaraner, die britischen Setter und Pointer, der ungarische Magyar Vizsla, der französische Bretone, der italienische Spinone und viele mehr.

Vorstehhunde mögen:

Nasenarbeit, Apportierübungen und jeden Sport, der mit Bewegung zu tun hat.

Der Magyar Vizsla, hier die Hündin Fenya in der drahthaarigen Variante, ist ein Vorstehhund durch und durch. Er gilt jedoch als relativ leichtführig.

Durch dick und dünn: Stöberhunde

Stöberhunde sollen eigenständig Wild in unwegsamem Gelände in Bewegung bringen und so dem Jäger den Schuss ermöglichen. Sie haben häufig weniger Interesse am Hetzen von Wild, dafür können sie sich in einem richtigen „Nasenarbeitsrausch" vergessen.

Zu den Stöberhunden zählt man die Spanielrassen und den Deutschen Wachtelhund – wobei letzterer selten in Nicht-Jägerhänden zu finden ist. Der Cocker Spaniel ist schon seit längerer Zeit eher beim Nicht-Jäger zu Hause. Trotzdem sind Cocker nicht zu unterschätzen: Sie neigen gelegentlich zur Ressourcenverteidigung gegenüber Menschen und Artgenossen und zeigen dabei unter Umständen auch schon mal ihre Zähne. Inzwischen gibt es etliche Linien, die vor allem gerne Apportieren und ein wenig Nasenarbeit machen, aber sich für Wild nicht mehr sonderlich interessieren. Umso überraschter ist dann der Cocker-Spaniel-Besitzer, wenn sein Vierbeiner doch seine ursprünglichen Anlagen zeigt, er also ausgiebig stöbert und in Gegenden mit viel Buschwerk nicht mehr ansprechbar ist.

Neben dem Cocker ist der etwas größere Springer Spaniel in den letzten Jahren immer beliebter geworden. Auch hier gibt es Linien, die mit der Jagd nichts mehr am Hut haben, dafür aber bei Agility, Obedience und Co. brillieren.

Stöberhunde mögen:

Apportierten und freie Nasenarbeit, bei der sie Gebüsch und Unterholz durchkämmen dürfen.

Viele Spaniel sind jagdlich nicht mehr sonderlich interessiert – trotzdem kann das alte Erbe gelegentlich durchblitzen.

Unter Tage: Erd- und Bauhunde

Erd- und Bauhunde sollen in die Höhle (den Bau) eines Tieres gehen und dieses herausscheuchen. Gerade bei Dachs und Fuchs erfordert dies unglaublichen Mut, da sie sehr wehrhaft sind. Nicht selten sind Erd- und Bauhunde so passioniert bei der Arbeit, dass sie alles um sich herum vergessen und manchmal sogar irgendwann aus dem Bau ausgebuddelt werden müssen.

Zu dieser Rassegruppe zählen die Dackel und viele Terrier, wie zum Beispiel der Jack Russell Terrier. Der Dackel war eine Zeitlang der deutsche Familienhund schlechthin. Dabei ist er nicht unbedingt der einfachste Zeitgenosse. Er gilt nicht ohne Grund als eigensinnig. Als Jagdhund bietet der Dackel wie alle Erdhunde großen Mut und Draufgängertum. Dackel können sich ähnlich wie Beagle sehr in eine Spur vertiefen und diese dann entsprechend lang verfolgen.

Auch für den Jack Russell Terrier gilt: klein, aber oho! Der drahtige und robuste Kerl ist für jede Art von Action zu haben. Das macht den „JRT“ nicht nur bei kinderreichen Familien beliebt, sondern auch bei Reitern und anderen Sportlern. Wem der Jack Russell Terrier etwas zu klein ist, der findet vermutlich Gefallen an dem etwas langbeinigeren Parson Russell Terrier.

Erd- und Bauhunde mögen:

Actionspiele, bei denen sie ihren Mut beweisen und hemmungslos zerren können. Und buddeln!

Selbstbewusst und mutig sind Bauhunde – so wie diese beiden Dackel Honey und Puschkin.

„Bringen“ als Lebensmittelpunkt: Apportierhunde

Die Apportierhunde werden hauptsächlich nach dem Schuss eingesetzt. Das heißt, ihr Hauptanliegen ist das Bringen des Wilds zum Jäger. Damit sie das geschossene Wild möglichst schnell finden, sind sie die absoluten Spezialisten darin, sich die Fallstellen zu merken („Markieren“) und von ihrem Menschen auf großer Distanz lenken zu lassen („Einweisen“). Sie haben eine gute Nase, um das tote Wild in einer Flächensuche zu finden und gelten allesamt als sehr wasserfreudig.

Zu dieser Rassegruppe zählen alle Retrieverrassen wie Golden, Labrador, Nova Scotia Duck Tolling, Flat Coated und Chesapeake Bay Retriever.

Die hohe Führigkeit, die bei der Jagd vom Retriever verlangt wird, kommt auch dem Nicht-Jäger zu Gute. Die Erziehung und Haltung gestaltet sich im Vergleich zu manch anderer Jagdhunderasse häufig recht einfach.

Die Differenz zwischen Show- und Arbeitslinien bei den Retrievern könnte kaum größer sein. Nicht-Jäger können mit einem Retriever aus einer Arbeitslinie unter Umständen völlig überfordert sein, da diese Hunde wirklich wesentlich agiler als ihre Showkollegen sind und meist erhebliches jagdliches Interesse mitbringen.

Apportierhunde mögen:

Gegenstände apportieren und Nasenarbeit.

Kaum zu glauben, dass in diesen blonden Schönheiten echtes Jagdhundblut steckt.

Laufen, laufen, laufen: Jagende Hunde

Die sogenannten jagenden Hunde haben die Aufgabe, Wild aufzustöbern und es laut bellend zu hetzen. Diese Hunde entfernen sich dabei sehr weit von ihrem Menschen, nicht selten sind es mehrere Kilometer. Sie verfolgen ausdauernd die Spuren des Wildes beziehungsweise das Wild selbst. Neben den diversen Bracken zählt auch der Beagle als Laufhund dazu.

Bracken finden sich nur sehr selten in Nicht-Jägerhand – aus gutem Grund, denn ihr genetisches Rüstzeug ist alles andere als kompatibel mit der Vorstellung eines Familienhundes. Beagle werden hingegen häufig als Familienhund angepriesen. Doch Vorsicht, auch diese Hunde können einen enormen Jagdtrieb mitbringen und bleiben dann unter Umständen stundenlang im Wald verschollen. Im Vergleich zu den Vorstehhunden, Spanieln und Retrievern jagt ein Beagle sehr selbstständig und ist dadurch nur bedingt auf die Kooperation mit dem Menschen selektiert worden. Diese Tatsache kann das Gehorsamstraining erschweren. Es gibt jedoch inzwischen die eine oder andere Beagle-Linie, die tatsächlich kaum noch jagdliches Interesse zeigt.

Jagende Hunde mögen:

Spurensuche in jeder Form.

Beagle sind wegen ihrer Vergangenheit als Meutehunde sehr sozialverträglich.

Ein Bayerischer Gebirgsschweißhund, ausnahmsweise nicht mit der Nase am Boden.

Tröpfchen für Tröpfchen: Schweißhunde

„Schweiß“ ist in der Jägersprache der Begriff für Blut, das sich nicht mehr in einem Körper befindet. Schweißhunde sind *die* Spezialisten für die Suche nach verwundetem Wild. Sie sind absolute Spurfanatiker. Normalerweise werden diese Hunde ausschließlich an Jäger abgegeben, gelegentlich findet man einen dieser Rassevertreter bei professionellen Mantrailern. Zu den Schweißhunden gehören der Hannoversche Schweißhund, der Bayerische Gebirgsschweißhund, die Alpenländische Dachsbracke und der Bloodhound aus England.

Schweißhunde mögen:

Spurensuche in jeder Form.

Jagende „Ausländer“: Löwenjäger & Co.

In den deutschsprachigen Ländern findet man immer mehr ausländische Jagdhunde, die hier jedoch nicht zur Jagd eingesetzt werden. Sie sind hier wegen ihres Charakters und ihrer Optik sehr beliebt. Auch der Auslandstierschutz trägt sicher zu diesem Trend bei.

Vertreter der ursprünglich aus Afrika stammenden Rasse **Rhodesian Ridgeback** gelangen weniger durch den Tierschutz nach Deutschland, sondern werden hier gezielt gezüchtet. Mittlerweile erfreuen sie sich einer großen Fangemeinde. Während der Rhodesian Ridgeback ursprünglich für die Jagd auf Großwild und als Wachhund in Südafrika eingesetzt wurde, wird er hier von den Jägern, wenn überhaupt, hauptsächlich zur Schweißarbeit eingesetzt. Es gibt sehr unterschiedliche Zuchtlinien bei den „RR“. Dementsprechend kann man

Rhodesian Ridgebacks mögen:

Apportieren und Spurensuche.

Nordische Rassen mögen:

Ausdauerndes Rennen, wilde Spiele und Nasenarbeit.

Zuri ist schön und wachsam, eben typisch Rhodesian Ridgeback!

Immer ein Blickfang: ein Husky mit unterschiedlich farbigen Augen.

Galgos mögen:

Rennspiele auf der Hunderennbahn oder mit anderen Windhunden.

einen Hund erwischen, der keinerlei jagdliches Interesse hat, aber auch einen, der über eine hervorragende Nase verfügt und plötzlich durchstartet.
Der **Galgo** Español zählt zu den Windhunden. Er wird häufig als Tierschutzfall von der iberischen Halbinsel nach Deutschland importiert. Das Interesse dieser Rasse liegt vor allem bei der Sichtjagd, denn in ihrer Heimat werden Galgos für die Hasenjagd eingesetzt. Diese Hunde erreichen auf kurzer Distanz enorme Geschwindigkeiten – und das ist auch ihre liebste Auslastung.

Obwohl der **Podenco** den Windhunden sehr ähnlich sieht, wird er der Rassegruppe „Spitze und Hunde vom Urtyp“, Sektion „Urtyp, Hunde zur jagdlichen Verwendung“ zugeordnet. Das liegt daran, dass der Podenco kein reiner Sichtjäger ist, sondern auch viel stöbert und dafür seine Nase einsetzt. Das Podenco-Herz schlägt überall dort höher, wo es viele Büsche mit Kaninchen gibt. Einige Podencos apportieren gerne, wodurch sich tolle Stöberspiele gestalten

Podencos mögen:

Spurensuche, Rennspiele und manchmal apportieren.

Das Windhunderbe der Galgos ist auch bei Flora unverkennbar: Der ganze Körper ist auf Geschwindigkeit ausgelegt.

lassen. Aber auch die Spurensuche liegt ihnen. Zur Hunderennbahn sagt ein Podenco auch nicht nein.
Der **Husky** ist ein häufiger Vertreter der nordischen Rassen. Er interessiert sich in der Regel für alles, was sich bewegt – dann gilt oft nicht mehr „der will nur spielen“, sondern „der will Beute machen“. Dabei ist er nicht auf die Kooperation mit dem Menschen selektiert, was seine Erziehung nicht gerade einfacher macht.

Jagdhunde verstehen: Die jagdliche Verhaltenskette

Das Jagdverhalten des Hundes besteht aus vielen Einzelteilen, die zusammen als Verhaltenskette bezeichnet werden. Die einzelnen Elemente sind bei den verschiedenen Rassen und Individuen stärker oder schwächer ausgeprägt.

Ausschau halten: Der Hund sucht mit all seinen Sinnen nach Wild, obwohl noch nichts auf dessen Nähe von Wild hinweist. Solche Hunde sind meist ohne Training nicht ableinbar beziehungsweise entfernen sich nach dem Ableinen sofort von ihren Menschen, verlassen den Weg, stöbern nach Wild oder verfolgen dessen Spuren.

Fixieren: Der Hund erstarrt. Durch seine Körperhaltung kommuniziert er seinen „Mitjägern“, dass er etwas gesehen, gerochen oder gehört hat. Aus diesem Fixieren hat der Mensch durch langjährige Zuchtselektion das Vorstehen bei Settern, Pointern und den anderen Vorstehhunderassen herausgefiltert (siehe Seite 8). Beim Vorstehen erstarren die Vierbeiern wie zur Salzsäule, jede Faser des Körpers ist angespannt. Die meisten zeigen dieses Verhalten im Stehen, aber auch ein Vorsitzen oder Vorliegen ist möglich. Bei den Vorstehhunden endet die jagdliche Verhaltenskette an dieser Stelle.

Hetzen: Der Hund rennt hinter Wild her. Dabei kann er bellen: Wenn ein Hund „spurlaut“ ist, bedeutet dies, dass er alleine aufgrund der Verfolgung einer Wildfährte durchgehend bellt. Jagd ein Hund sichtlaut, bellt nur er beim Anblick des Wildes. Stumm jagende Hunde sind bei Jägern nicht erwünscht, am begehrtesten ist der Spurlaut, da er das Wild auf die Läufe bringt, ohne es panisch werden zu lassen.

Packen: Der Hund packt das Wild. Größeren Tieren wird zunächst in die Hinterläufe gebissen, um sie zu bremsen.

Töten: Das Töten erfolgt bei kleinerem Wild durch das Packen und Schütteln, sodass das Beutetier einen Genickbruch erleidet. Bei größeren Tieren, wie zum Beispiel Rehen, reißt der Hund das Tier nieder und verletzt es so stark, dass es verblutet.

Fressen: Ein absolutes „No-Go“ für Hunde in jagdlicher Hand. Solche Vierbeiner werden rigoros aus der Zucht ausgeschlossen. Auch ehemalige Straßen-

Packen und schütteln: Puschkin macht es besser mit einem Spielzeug statt mit einer lebendigen Beute.

hunde ernähren sich eher von Abfällen auf der Straße als von Wild, da sich die Abfallsuche wesentlich erfolgreicher und mit weniger Energieaufwand betreiben lässt als die aktive Jagd.

Mäusejagd

Eine Ausnahme innerhalb der jagdlichen Verhaltenskette ist die Mäusejagd. Denn Mäuse werden durch Ausbuddeln oder mit Hilfe des Mäusesprungs gejagt.
Die Mäusejagd ist losgelöst von der beschriebenen Jagdverhaltenskette und liefert meist wesentlich mehr Erfolg im Vergleich zur Hetzjagd.

Nicht jeder Hund verfügt über alle Elemente der Jagdverhaltenskette. Es gibt Vierbeiner, die zwar hetzen, aber nicht packen und umgekehrt. Oder Hunde, die fixieren, aber nicht hetzen und ganz viele andere Kombinationen. Die verschiedenen Kettenelemente können auch unterschiedlich stark betont sein. So gibt es Hunde, die ganz kurz fixieren und dann ganz intensiv hetzen oder Hunde, die sehr ausdauernd Ausschau halten, aber nicht hetzen. Finden Sie heraus, welche Sequenz bei Ihrem Hund besonders betont ist – und wählen Sie die entsprechenden Spiele für ihn aus. Die nächsten Seiten können Ihnen dabei helfen.

Welches Spiel passt zu meinem Hund?

Sie können Ihren Jagdhund noch nicht so richtig einschätzen? Dieser Test hilft Ihnen dabei, die Talente und Vorlieben Ihres Vierbeiners herauszufinden.

Welche Elemente der Jagdverhaltenskette stehen bei Ihrem Hund im Vordergrund?

- Ausschau halten:
  Übung A, B, C, D, F, H, K, L, M, O, P, S, T
- Fixieren:
  Übung F, G, H, I, M, O, P, S, T
- Hetzen:
  Übung A, B, C, D, H, I, J, K, O, P, Q, S, T
- Packen:
  Übung E, H, I, M, O, P, Q, R, S, T
- Töten:
  Übung D, E, H, I, M, O, P, Q, R, S, T
- Fressen:
  alle Übungen

Für welche jagdliche Arbeit wurde Ihr Hund ursprünglich gezüchtet?

- Arbeit nach dem Schuss (diverse Varianten des Apportierens):
  Übung A, B, C, D, E, F, G, H, K, M, O, Q, S, T
- Buschieren (Suche und Stöberarbeit nahe beim Menschen):
  Übung E, F, H, K, L, M, O, P, Q, S, T
- Hetzjagd und Spurensuche (lebendes Wild und dessen frische Spur verfolgen): Übung A, B, C, D, H, J, O, P, S, T
- Schweißarbeit (die Spur verletzten Wildes an der langen Leine verfolgen):
  Übung A, B, C, D H, O, S, T
- Bauarbeit (Fuchs oder Dachs aus dem Bau heraustreiben):
  Übung E, H, I, L, M, O, P, Q, R, S, T

Was tut Ihr Hund gerne?

- Spuren verfolgen:
  Übung A, B, C , D
- Mit hoher Nase etwas suchen:
  Übung A, K
- Durch das Unterholz stöbern:
  Übung P, Q
- Apportieren:
  Übung A, E, F, G, H, P, T
- Hetzen:
  Übung A, I, J, M
- Zerrspiele:
  Übung R, P
- Spielzeug schütteln:
  Übung P, R

Mein Hund ...

- bewegt sich am liebsten in schnellstmöglichem Tempo:
  Übung A, H, F, G, I, K, J, M, O
- rennt viel umher:
  Übung A, B, C, D, I, K, P, Q
- trabt viel:
  Übung B, K, S, T, L
- läuft viel in meinem Spaziergeh-Tempo:
  Übung B, K, S, T, L, R

Mein Hund ist ...

- mutig, aufgeschlossen:
  alle Übungen
- reserviert gegenüber Neuem:
  alle Übungen
- eher ängstlich:
  alle Übungen
- verfressen:
  alle Übungen
- für jedes Spiel zu haben:
  alle Übungen
- desinteressiert an Futter:
  Übung E, F, G, H, I, K, J, L, M, O, R
- desinteressiert an Spielzeug:
  Übung B, C, H, J, I, L, M, O, P, Q, S

Auswertung

Jeder Buchstabe ist einem Spiel zugeordnet. Spielen Sie zuerst die Spiele, deren Buchstaben Sie am häufigsten ausgewählt haben – die dürften Ihrem Hund so richtig gut gefallen! Probieren Sie später aber auch gerne die anderen Übungen mit Ihrem vierbeinigen Spielpartner aus.

Kleine Münsterländer-Hündin Ayka hat eine interessante Spur entdeckt. Für sie ist jede Art der Spurensuche eine tolle Beschäftigung.

A	Weg-Zurück-Suche	Seite 24
B	Spurensuche	Seite 30
C	Würstchenschlepp- und Eigenfährte	Seite 34
D	Schleppfährte mit Futterbeutel	Seite 36
E	Apportieren (Fun-Dummytraining)	Seite 42
F	Markieren (Fun-Dummytraining)	Seite 44
G	Einweisen (Fun-Dummytraining)	Seite 46
H	Dreiecksübung	Seite 51
I	Spiele mit der Hetzangel	Seite 52
J	Hetzspiele	Seite 56
K	Flächen- / Trümmersuche	Seite 84
L	Buddeln	Seite 58
M	Fixierspiel	Seite 64
O	Blickkontakt	Seite 65
P	Sockenkiste	Seite 66
Q	Leckerchen fischen	Seite 67
R	Zerren und Ausgeben	Seite 68
S	Scent-Box	Seite 70
T	Geruchs-Memory	Seite 76

Spiele für draußen

Welches Spiel zuerst?

Ein Jagdhund ist draußen ganz in seinem Element – und unsere Natur bietet durch ihre Vielfältigkeit zudem tolle Trainingsmöglichkeiten!

Die Hundenase muss sich im hohen, dichten Gras besonders anstrengen, Bäume bieten vielfältige Versteckmöglichkeiten und nirgendwo sonst wird die Muskulatur so gut trainiert, wie bergauf und bergab über Stock und Stein.

In diesem Kapitel erwarten Sie verschiedenste Beschäftigungsmöglichkeiten – Ihr Hund wird vermutlich alle toll finden und einige davon wirklich lieben! Für die Weg-Zurück-Suche und das Fun-Dummytraining ist es von Vorteil, wenn Ihr Hund bereits apportieren kann. Ist dies noch nicht der Fall, dann finden Sie im Kapitel des Fun-Dummytrainings eine Anleitung zum Aufbau des Apportierens. Beginnen Sie damit gegebenenfalls als erstes.

Rücksicht nehmen

Beachten Sie bitte, dass manche Form der Hundebeschäftigung – vor allem abseits der Wege – mit dem Grundstückseigentümer und teilweise auch mit dem Jagdpächter abgestimmt werden muss. Denn die Freude von Hund und Besitzer ist manchmal das Leid von Landwirt und Jäger …

Für die Hetzspiele benötigen Sie ein Bleib-Signal, so steht diesem Training nichts im Wege. Für die Übungen am Buddelloch sollte Ihr Hund das Sitz-Signal kennen und beherrschen – dann kann es auch schon losgehen! Für die Spurensuche sind keine Vorkenntnisse nötig, damit können Sie sofort starten.

Der wertvolle Arbeitspfiff

Sie können diese Beschäftigungen nutzen, um den sogenannten Arbeitspfiff aufzubauen: Geben Sie kurz bevor Ihr Hund seine Aufgabe erledigen darf den neuen Pfiff ab. Nach etwa 30 Kombinationen von Pfiff und Spiel können Sie den Arbeitspfiff als Komm-Signal einsetzen – Ihr Jagdhund wird ihn gerne befolgen und in Erwartung einer tollen Beschäftigung angesaust kommen.

Die verschiedenen Übungen der Spurensuche können mit oder ohne Leine durchgeführt werden. Als Verbindung eignet sich eine mindestens zehn Meter lange Schleppleine. Vorsicht: Diese sollte aus gesundheitlichen Gründen immer an einem Geschirr befestigt werden!
Viele der Spielzeuge und Trainingshilfsmittel können Sie selber herstellen. Eine Anleitung finden Sie auf Seite 60.

Für einige Spiele ist es nötig, dass der Hund bereits apportieren kann. Eine Anleitung dazu finden Sie beim „Fun-Dummytraining". Retriever Pelle ist schon Profi.

Kommunikation und Gehorsam

Jede Form der Beschäftigung lastet Ihren Vierbeiner nicht nur mental und körperlich aus, sondern Sie tun damit auch viel für die gute Bindung zwischen Ihnen und Ihrem Hund – das wiederum wirkt sich in der Regel sehr positiv auf den Alltagsgehorsam und die Mensch-Hund-Kommunikation aus. Peppen Sie Ihre Spaziergänge auf und lassen Sie den Spaß am gemeinsamen Tun im Vordergrund stehen!

Weg-Zurück-Suche

Zu den beliebtesten Beschäftigungsmöglichkeiten eines Jagdhundes zählt die Weg-Zurück-Suche. Für Zweibeiner durchaus eine nützliche Sache.

So sieht das Spiel aus

Eine beliebte Variante der Suche ist das Verlieren eines Gegenstands auf dem Spaziergang – so, dass der Hund es nicht bemerkt. Irgendwann ruft der Mensch ihn zu sich und schickt ihn den Weg zurück, damit er den Gegenstand sucht und apportiert. Durch die Länge der Strecke, Kurven und Ablenkungen lässt sich dieses Spiel an jeden Trainingsstand anpassen.

Ein großer Vorteil ist dabei, dass Zwei- und Vierbeiner den Weg bereits zurückgelegt haben und Sie einschätzen können, ob auf der Wegstrecke Wildspuren und Ähnliches Ihren Hund stark abgelenkt haben. Dadurch können Sie das Risiko besser abschätzen, ob er außer Kontrolle geraten könnte. Hinzu kommt, dass die Suche auf dem Weg stattfindet, nicht abseits im Gelände, und dadurch das Wild nicht beunruhigt wird.

Wenn Sie sich angewöhnen, diese Beschäftigung auf bestimmten Wegabschnitten regelmäßig durchzuführen, dann wird das mit großer Wahrscheinlichkeit zur Folge haben, dass Ihr Hund Sie besonders gut im Auge behält – er will ja mitbekommen, wenn Sie etwas fallen lassen. So wird der Vierbeiner seine Aufmerksamkeit auf Sie verstärken und darüber hinaus seinen Wirkungsradius um Sie herum eher verkleinern als erweitern.

Beginnen Sie mit einem Gegenstand, den Ihr Hund gerne apportiert, wie zum Beispiel den Futterbeutel, einen Ball oder einen Fell-Dummy. Üben Sie unabhängig von dem folgenden Übungsaufbau das Apportieren von Handschuhen, Schal, Mütze, Leine und vielleicht sogar Schlüssel und Handy – denn das sind die typischen Gegenstände, die man tatsächlich oft auf dem Weg verliert. So ist Ihr Hund bestens vorbereitet, Sie auch im „Ernstfall“ zu unterstützen.

TIPP

Ist Ihr Hund nicht gut auf andere Hunde oder auf Jogger etc. zu sprechen, sollte diese Übung nur auf Wegen durchgeführt werden, die Sie überblicken können oder Sie sichern sie durch eine Hilfspersonab.

Gespannt wartet Sammy darauf, dass er zur Weg-Zurück-Suche durchstarten darf.

Übungsaufbau „Weg-Zurück-Suche“

- Leinen Sie Ihren Hund an.
- Lassen Sie ihn Sitz-Bleib machen.
- Legen Sie etwa einen Meter vor dem Hund den Apportiergegenstand mitten auf den Weg.
- Nehmen Sie die Leine auf und sagen Sie Ihrem Hund, dass er mitkommen soll, um mit ihm gemeinsam etwa zehn Schritte den Weg weiter zu gehen.
- Drehen Sie sich gemeinsam zum Gegenstand um.
- Lassen Sie Ihren Hund neben sich sitzen.
- Lösen Sie die Leine vom Halsband. (Der Hund kann natürlich auch sicherheitshalber durch Brustgeschirr und lange Leine abgesichert werden.)
- Halten Sie die Hand auf Höhe der Hundeschnauze, um Spannung aufzubauen.
- Sagen Sie das neue, noch nicht bekannte Hörzeichen (zum Beispiel „Weg-Zurück“, „Go“ oder „Verloren“) und machen Sie danach eine Handbewegung in Richtung Gegenstand. Ihr Hund darf daraufhin losrennen, den Gegenstand suchen und aufnehmen.
- Feuern Sie Ihren Hund eventuell an, wenn er mit dem Gegenstand im Maul auf Sie zu läuft.
- Belohnen Sie ihn für die Übergabe des Gegenstandes.
- Machen Sie insgesamt drei Übungsdurchgänge und setzen Sie danach Ihren Spaziergang wie gewohnt fort.
- Sobald Ihr Hund ohne zu zögern zum Gegenstand rennt und ihn zurück bringt, können Sie nach und nach die Distanz zwischen dem Gegenstand und dem Startpunkt des Hundes vergrößern. Zu diesem Zeitpunkt sollte Ihr Hund sich bis zu 50 Meter weit schicken lassen und den beschriebenen Übungsaufbau mindestens zwölf Mal absolviert haben – natürlich verteilt auf viele Tage.
- Jetzt können Sie anfangen, den Gegenstand auszulegen, ohne dass Ihr Hund dies sieht. Beim ersten Mal gehen Sie nach dem Fallenlassen höchstens zehn Schritte weiter. Rufen Sie Ihren Hund wie gewohnt heran und führen Sie das bekannte Ritual durch: Gemeinsam umdrehen, Hund sitzen lassen, Spannungsaufbau, Hund losschicken. Wenn Ihr Vierbeiner das Spiel verstanden hat und sofort losrennt, können Sie nach und nach wieder mehr Distanz zum Gegenstand aufbauen.

Gefunden! Zum Aufbau der Übung wählen Sie zunächst eine kurze Distanz zum verlorenen Gegenstand.

TIPP

Üben Sie später auch mit Gegenständen, die man tatsächlich gelegentlich verliert, zum Beispiel mit einer Packung Taschentücher, einem Handschuh, einer (alten) Geldbörse, einem Brillenetui etc. Dies kann im Ernstfall sehr nützlich sein!

Schwierigkeiten einbauen

Ab diesem Trainingsstand ist es interessant, den Gegenstand auch mal vor einer Wegkurve abzulegen, oder ihn vor einer Kreuzung zu platzieren und dann abzubiegen. Spätestens ab hier benötigt Ihr Hund dann definitiv seine Nase, um das verlorene Spielzeug zu finden.

Je nach Gelände können Sie auch mehrfach abbiegen und Distanzen über mehrere hundert Meter trainieren. In Absprache mit anderen Menschen ist es auch interessant, ob der Hund sich durch sie oder bekannte Mensch-Hund-Teams irritieren lässt.

Rücksicht nehmen

Bedenken Sie bitte dabei, dass ein Hund, der alleine den Weg entlanggerannt kommt, andere Menschen erschrecken könnte. Wählen Sie deswegen Übungsort und -zeit mit Bedacht!

Varianten

Falls Ihr Hund (noch) nicht apportiert, können Sie denselben Aufbau auch mit Futter erarbeiten, zum Beispiel einem Stück getrockneten Pansen, das Sie statt des Apportier-Gegenstandes auslegen. Das gefundene Stück Pansen darf natürlich sofort gefressen werden! Wenn Sie nicht möchten, dass Ihr Hund etwas vom Boden frisst, dann können Sie das Leckerchen auch in eine Plastikdose oder in einem Futterdummy auslegen.

Die Weg-Zurück-Suche lässt sich mit einer Geruchsunterscheidung kombinieren, indem jemand anderes einen Gegenstand verliert: Bevor Sie den Hund mit dem gewohnten Ritual losschicken, lassen Sie ihn an den Händen der Person schnuppern und geben Ihr Suchsignal für die Weg-Zurück-Suche.

Nasenarbeit ist nicht gleich Nasenarbeit

Es ist ein großer Unterschied, ob der Hund eine Spur, vor seinen Pfoten liegende Leckerchen oder eine Wiese mit hoher Nase nach Dummys absuchen soll. Nehmen Sie daher *unbedingt* für jede Form der Nasenarbeit ein *eigenes Hör- und Sichtzeichen!* So habe ich zum Beispiel für die Stöbersuche das Wortsignal „Search for“ und halte als passendes Sichtsignal die Handflächen in ahnungsloser Geste nach oben. Für die Weg-Zurück-Suche drehe ich mich gemeinsam mit meinem Hund in die Richtung, in die er gleich rennen soll, stelle die Hand neben dem Hundekopf auf uns sage dann „Weg zurück“. Beim Mantrailing hat mein Hund ein bestimmtes Suchgeschirr an, ist angeleint, bekommt den Geruchsstoff des „Opfers“ und wird dann mit „Go trail“ gestartet. Wenn ich Leckerchen am Boden verloren habe, lautet das Hörzeichen „Such“ und ich zeige als Sichtzeichen an entsprechender Stelle auf den Boden.

Eine Steigerung erfolgt dadurch, dass der Gegenstand außerhalb der Sichtweite fallengelassen wird.

Spurensuche

Jagdhunde lieben Nasenarbeit! Bei der Spurensuche arbeitet der Hund größtenteils angeleint, somit ist sie auch gut für Vierbeiner geeignet, die (noch) nicht frei laufen dürfen.

Um ein guter Spurensucher zu werden, benötigt der Hund als einzige Voraussetzung das Interesse an Futter – sonst nichts! Es gibt verschiedene Möglichkeiten, Spuren zu legen. Das Tolle daran: Jede Variante bietet dem Hund ein anderes Geruchsbild und somit andere Herausforderungen!

Vorbereitung: Die Ausrüstung

Sie benötigen für die Spurensuche ein gut sitzendes Geschirr. Es darf den Vierbeiner nicht beim Heben oder Senken seines Kopfes beeinträchtigen. Für den Hund ist es hilfreich, wenn er zusätzlich zum Geschirr ein Halsband trägt und an diesem angeleint zum Startpunkt geführt wird. Erst, wenn es losgeht, wird die Leine ins Geschirr eingeklickt. So ist für den Hund besonders gut zu erkennen, wann er die Führung hat und wann wieder Sie.

Des Weiteren benötigen Sie eine Suchleine, zum Beispiel aus gummiertem Schlauchband oder Biothane. Die Leinenlänge hängt vom Suchgebiet ab: Für Wohngebiete sind drei bis fünf Meter gut, im Grünen dürfen es auch sieben bis zehn Meter sein.

Spritzfährte

Spritzfährten werden mit Duftwasser aus einer Flasche gelegt. Das Besondere an den Spritzfährten ist, dass man sie vor allem auf Asphalt hervorragend mit bloßem Auge sehen kann. So bekommen Sie einen guten Eindruck davon, auf welche Art und Weise Ihr Hund eigentlich sucht.

So sieht das Spiel aus

Spritzfährten lassen sich auf jedem Untergrund legen – egal ob in der Spielstraße oder auf dem Parkplatz vor Ihrer Haustür, im Garten oder im Spaziergehgebiet. Es gibt zwei Dinge zu beachten: Zum einen muss am Ende der Spur immer das als Belohnung liegen, wonach die Spur riecht. Haben Sie das Duftwasser mit Leberwurst hergestellt, gehört also an das Ende ein Klecks Leberwurst. Zum anderen muss das Ende stets so liegen, dass der Hund nicht schon von Weitem mit hoher Nase Witterung davon bekommen kann.

Die Spur kann direkt nach dem Legen abgesucht werden. Diese Art der Spurensuche ist also bestens geeignet, wenn man gerade ein paar Minuten Zeit hat um den Hund zu beschäftigen.

Hier wird eine Spur mit einer Mischung aus Wasser und Leberwurst gelegt. Am Ende sollte daher als Belohnung ein Stück Leberwurst liegen.

Übungsaufbau „Spritzfährte“

- Sichern Sie den Hund, zum Beispiel mit einem Bleib-Signal, durch Anbinden oder im Auto, um die Spur zu legen.
- Wenn Sie die Spur auf trockenem Asphalt legen und sofort danach absuchen, ist keine Markierung des Startpunkts notwendig. Ansonsten markieren Sie den Startpunkt am besten mit Kreide oder einem Zweig.
- Gießen Sie eine Spur von fünf bis zehn Metern Länge und lassen Sie sie so enden, dass der Hund das Ende weder sehen noch vom Startpunkt aus riechen kann.
- Deponieren Sie am Ende der Spur die passende Belohnung.
- Achten Sie beim Zurückgehen darauf, dass Sie nicht versehentlich in die Spur treten und dadurch unabsichtlich Verleitungen legen.
- Führen Sie Ihren Hund am Halsband

Auf Asphalt hat der Mensch den Vorteil, die Spur gut sehen zu können und so zu lernen, wie der Hund sucht. Sammy ist hier genau auf der Spur.

zum Startpunkt der Spur und leinen Sie ihn dort auf das Brustgeschirr um.

- Deuten Sie auf den Startpunkt, indem Sie die ersten Zentimeter der Spur mit dem Finger entlang zeigen. Sagen Sie kein Suchsignal! Ihr Hund weiß ja noch gar nicht, was er tun soll.
- Wichtig: Bleiben Sie beim Suchen *hinter* dem Hund. Wenn er zwischendrin das Interesse verliert, deuten Sie einfach immer wieder auf die Spur und helfen Sie ihm so bis zum Spurende.
- Loben Sie ihn überschwänglich, sobald er die Belohnung an Ende gefunden hat.
- Bleiben Sie spätestens nach der dritten Spur unbedingt kommentarlos hinter dem Hund. Er hat die bessere Nase und er soll Sie führen, nicht umgekehrt. Wenn der Hund mal mehr

als zwei Meter von der Spur abweicht, halten Sie ihn mit Hilfe der Leine fest und warten ab. Sobald er wieder auf der Spur in die richtige Richtung läuft, gehen Sie wieder hinter ihm her.

- Machen Sie maximal drei Suchen hintereinander und halten Sie beim Legen mindesten 15 Meter Abstand zu anderen Spuren. Wenn Ihr Hund sicher das Ende findet, können Sie immer mehr Winkel und Abbiegungen einbauen und die Strecke deutlich verlängern.

Hilfestellung

Ist ein Hund eher desinteressiert an dieser Übung, braucht er bei der ersten Spur und maximal den nächsten drei nachfolgenden Suchen Ihre Hilfe. Das bedeutet, dass Sie teilweise neben dem Hund laufen, um immer wieder auf den Boden deuten zu können. Erfahrungsgemäß fängt der Vierbeiner Feuer, sobald er ein- bis zweimal die Erfahrung gemacht hat, dass am Ende eine tolle Belohnung auf Ihn wartet. Manchen Hunden hilft es auch, einem anderen Hund beim Suchen zuzuschauen, um zu verstehen, was sie tun sollen.

Schwierigkeiten einbauen

Das Verfolgen der Spur über freie Flächen ist wesentlich schwieriger für den Hund als zum Beispiel um parkende Autos oder Häuser herum.

Je kleiner die Öffnung für das Duftwasser, desto dünner und anspruchsvoller wird die Spur. Sie können auch statt einer durchgehenden Spritzspur alle paar Zentimeter Tropfen spritzen. Außerdem können weitere Herausforderungen dadurch entstehen, dass das Duftwasser weniger intensiv zubereitet wird, indem man zum Beispiel nur einen statt drei Zentimeter Leberwurst in heißem Wasser auflöst.

Ich persönlich habe für die Spritzfährten kein Wortsignal. Das Sichtsignal ist das Zeigen des Anfangspunktes. Das reicht für diese Art der Spurensuche völlig aus. Trotzdem können Sie natürlich ein Wortsignal wie zum Beispiel „Spur“, „Fährte“ oder ähnliches einführen, indem Sie das Wort sagen und dem Hund danach den Startpunkt zeigen.

TIPP

Diese Art der Spur kann von mehreren Hunden hintereinander abgesucht werden, es muss lediglich die Belohnung am Ende für den nächsten Suchenden nachgelegt und darauf geachtet werden, dass die Hundeführer nicht über die Spur laufen.

Spiel

Würstchenschlepp- und Eigenfährte

Eine tolle Alternative zur Personensuche (Mantrailing) ist die Suche nach der Eigenspur von Frauchen oder Herrchen. Das geht am einfachsten über die sogenannte Würstchenschleppfährte.

So sieht das Spiel aus

Bei der Würstchenschleppfährte wird ein Würstchen an eine Schnur geknotet und über den Boden gezogen. An das Ende der Spur wird ein Stück Wurst gelegt. Der Hund sucht anfangs den Geruch des gezogenen Würstchens. Ganz nebenbei nimmt er die Spur seines Menschen zur Hilfe. Das Würstchen wird nach und nach immer weniger gezogen, sodass der Hund sich immer mehr auf die Spur seines Menschen konzentrieren muss, um an seine Belohnung im Ziel zu gelangen.

Übungsaufbau „Würstchenschleppfährte"

- Sichern Sie Ihren Hund, sodass er Ihnen nicht hinterherlaufen kann.
- Befestigen Sie eine halbe Bockwurst an einer etwa einen Meter langen Kordel.
- Trampeln Sie in einem lichten Waldstück abseits des Weges einen Startpunkt frei und markieren Sie sich gegebenenfalls diesen Punkt.
- Lassen Sie nun das Würstchen genau an der frei getrampelten Stelle herunter und ziehen sie es etwa zehn Schritte geradeaus hinter sich her.
- Legen Sie ein Stück Wurst an Ihren Zielpunkt.
- Wichtig: Gehen Sie nun in einem *großen* Bogen zum Startpunkt zurück, sodass Sie im Abstand von mindestens zehn Metern zur Spur laufen.
- Führen Sie Ihren Hund am Halsband angeleint zum Startpunkt.
- Klinken Sie die Leine dann ins Geschirr ein und zeigen Sie Ihrem Hund den Startpunkt.
- Sobald er in die richtige Richtung läuft, folgen Sie ihm.
- Am Würstchen angekommen wird Ihr Hund ausgiebig gelobt und wieder am Halsband angeleint. Wiederholen Sie diese Spurlänge noch zweimal. Wichtig ist, dass zwischen den einzelnen Spuren mindestens 30 Meter Abstand liegt.
- Ab der vierten Spur können Sie sanfte Bögen einbauen, die Spurlänge verlängern und anfangen, die Spuren auf dem Waldweg zu legen.
- Nach einiger Zeit werden Sie bemer-

Für die Schleppfährte gibt's Würstchen à la Kordel.

ken, dass Ihr Hund nach dem Erreichen des Ziels weiter auf Ihrer Spur sucht. Nun ist der Zeitpunkt gekommen, dass Sie nur noch am Start und beim Abbiegen das Würstchen den Boden berühren lassen. Zwischendrin wird es hoch genommen. Bald benötigt Ihr Hund auch diese Hilfe nicht mehr.

- Sobald Ihr Hund bei der Suche mehr als etwa fünf Meter von der Spur abkommt, bleiben Sie einfach kommentarlos stehen. Wenn er wieder auf der Spur in die richtige Richtung läuft, gehen Sie als Bestätigung hinterher.
- Für diese Art der Spurensuche ist es sinnvoll (ungefähr ab dem sechsten Durchgang) ein verbales Signal einzuführen, wie etwa „Fährte", „Spur" oder „Finde". Dann deuten Sie auf den Startpunkt und los geht's!

ACHTUNG

Es besteht ein kleines Risiko, dass Ihr Hund nach diesem Training auch besser darin wird, Wildspuren zu verfolgen. Sollten Sie feststellen, dass Ihr Hund sich seit Beginn der Trainings mit den Spuren auch vermehrt Wildspuren zuwendet, dann wählen Sie lieber eine der anderen Beschäftigungsideen aus. Vor allen Dingen bis zum Erwachsenenalter (also bei großen Hunden etwa bis zum dritten Lebensjahr) ist das Risiko von unerwünschten Auswirkungen höher.

Schleppfährte mit Futterbeutel

Die Schleppfährte mit dem Futterbeutel ist die einzige Form der Spurensuche, die ohne Leine gearbeitet wird.

So sieht das Spiel aus

Statt dem Würstchen wird diesmal der mit duftenden Leckerchen gefüllte Futterbeutel an die Schnur geknotet. Das Spurlegen geschieht genauso wie bei der Würstchen-Schleppfährte. Am Ende der Spur wird die Schnur vom Futterbeutel gelöst und der Futterbeutel liegen gelassen.

Übungsaufbau „Schleppfährte“

Ein dünnes Seil wird am Startpunkt durch den Ring des Geschirrs oder Halsbandes gezogen. Sobald der Hund einige Meter in die richtige Richtung läuft, wird ein Seilende losgelassen, sodass der Hund frei ist und die restliche Spur ohne Leine ausarbeitet. Sie selbst bleiben am Startpunkt stehen und warten darauf, dass Ihr Hund mitsamt Futterbeutel zu Ihnen zurückkommt. Dann loben Sie ihn ausgiebig und lassen ihn aus dem Futterbeutel naschen.

Gefunden! Der Galgo Flora darf sich gleich über eine leckere Belohnung aus dem Futterbeutel freuen.

Spiel

Tupffährte

Die Tupffährte ist eine Variante der Spritzfährte und kann auch ähnlich aufgebaut werden.

Übungsaufbau Tupffährte

Um eine Tupffährte zu legen, benötigt man einen kleinen Schwamm, der an einem Stock befestigt ist. Der Schwamm wird in einen Eimer mit Duftwasser getaucht und dann alle paar Zentimeter auf den Boden gedrückt. Die Abstände zwischen den Abdrücken können bei einem fortgeschrittenen Hund vergrößert werden. Die Tupffährte legt man bevorzugt auf weichem Untergrund. Das hat den Vorteil, dass auch durch unsere Fußabdrücke eine Spur gelegt wird. Durch unser Körpergewicht wird beim Auftreten die Vegetation zerstört. Dadurch bilden sich Gase, die der Hund zusätzlich als Hilfe nutzen kann.

Den Startpunkt können Sie geruchlich besonders hervorheben, indem Sie dort ein wenig auf der Stelle trampeln und ein wenig Flüssigkeit aus dem Eimer darauf gießen. Das ist dann ein „Duftbett“. Dasselbe kann man auch am Ende der Spur machen, zusätzlich wird dort eine tolle Belohnung deponiert. Achten Sie darauf, auf dem Rückweg auf keinen Fall Ihre Spur zu kreuzen und mindestens 15 Meter Abstand zur Spur zu halten, da Ihr RückwegIhren Hund verwirren könnte.

Um eine Tupffährte zu legen, benötigt man einen Stock, ein Schwämmchen und einen Eimer mit „Duftwasser“.

TIPP

Für alle Arten von Spurensuche gilt: Arbeiten Sie nie mehr als drei Spuren pro Tag. Je offener das Gelände ist, desto schwieriger wird es für Ihren Hund. Legen Sie die Spur also erst dann über Lichtungen, Wiesen und unbestellte Felder, wenn Ihr Hund schon richtig sicher sucht.

Fun-Dummytraining

Als Dummytraining wird die Arbeit für Jagdhunde nach dem Schuss bezeichnet. Das Apportieren steht dabei im Vordergrund. Beim Dummytraining wird hierfür jedoch statt des Wildes ein länglicher Stoffsack (Dummy) verwendet.

Beim Fun-Dummytraining werden wir die Regeln des regulären Apportierens nicht ganz bis aufs i-Tüpfelchen ausreizen – was jedoch kein Freifahrschein für ungenaues Arbeiten ist!

Die Idee für diese Art der Beschäftigung stammt aus der Jagdpraxis. Dummys werden verwendet, um den in der

Produktinfo

Ein Dummy ist ein robuster Stoffsack der mit Reis, Sand oder Ähnlichem gefüllt ist. Dummys sind in unterschiedlichsten Farben und Gewichten erhältlich.

Pelle ist als Golden Retriever ganz in seinem Element: dem Apportieren.

Ausbildung befindlichen Jagdhunden das Apportieren beizubringen. Diese Grundlagen werden dann später auf das tote Wild übertragen.
Das Dummytraining lässt sich in sieben Bereiche oder Fächer unterteilen: den Gehorsam („Steadyness"), das Apportieren, das Markieren, das Einweisen, die Stöber-/Flächensuche, die Schleppfährte und die Wasserarbeit. Auf der nächsten Seite beginnen wir mit dem Gehorsam, vorab jedoch vorbereitend ein Wort zum Startritual.

Das Startritual

Das Startritual ist beim Voranschicken sehr wichtig. Denn solange der Hund sieht oder zumindest weiß, wo der Apportiergegenstand liegt, ist die Übung recht einfach für ihn. Schwierig wird es aber, wenn er nicht sehen kann, wo sich der Gegenstand befindet. Dann muss er genau verstehen, was Sie von ihm möchten. Er muss darauf vertrauen, dass er Erfolg haben wird, wenn er dieses Signal befolgt. Das bedarf ganz vieler Wiederholungen und vor allem eines ganz eindeutigen Rituals. Dieses Ritual baut außerdem Spannung auf, sodass Ihr Hund wie ein Pfeil losflitzt und auf kürzestem Weg zum Dummy und wieder zu Ihnen zurück läuft.

Wichtiges Startsignal: Erst, wenn der Hund nach vorne in die richtige Richtung schaut, darf er auf das Wortsignal „Voran" loslaufen.

Ohne geht's auch hier nicht: Gehorsam

Der Gehorsam umfasst vor allem die sogenannte Steadyness. Das bedeutet, dass der Hund still und aufmerksam neben seinem Menschen sitzt und das Jagdgeschehen – bzw. in unserem Fall das Übungsgeschehen – genau beobachtet, ohne sich aufzuregen. Konkret soll der Vierbeiner gut das Bleiben beherrschen, auch wenn drumherum diverse Dummys fliegen und andere Hunde apportieren. Kein leichtes Unterfangen!

Zum Gehorsam gehört das Bei-Fuß-Laufen, das Stoppen auf Distanz und das Heranrufen unter Ablenkung. Als Übungsbeispiel aus diesem Fach dient das Kommando Bleib, während ein Dummy geworfen wird.

Übungsaufbau „Steadyness"

- Leinen Sie Ihren Hund an, optimal wäre ein Brustgeschirr. Lassen Sie ihn neben sich sitzen und signalisieren Sie ihm zu bleiben.
- Nehmen Sie einen Dummy, Spielzeug oder Futter in die Hand.
- Tun Sie so, als wollten Sie ihn werfen.
- Belohnen Sie Ihren Hund umgehend mit Futter dafür, dass er sitzen geblieben ist.
- Wenn Ihr Hund dreimal hintereinander fehlerfrei den Übungsschritt bewältigt hat, gehen Sie über zum nächsten: Entfernen Sie sich einige Meter von ihm und lassen Sie den Gegenstand aus geringer Höhe auf den Boden plumpsen.
- Lassen Sie die Leine gut von einem Helfer festhalten, damit Ihr Hund sich

Das juckt in den Pfoten! Jetzt einfach losrennen, das wäre toll. Zum Dummytraining gehört jedoch auch eine gute Portion Selbstbeherrschung.

nicht selbst belohnen kann, falls er aufsteht.

- Steigerung: Werfen Sie den Gegenstand nun mit immer sportlicheren Bewegungen.
- Der nächste Schwierigkeitsgrad: Lassen Sie den Hund vor sich sitzen, gehen Sie einige Meter weg und sichern Sie ihn durch eine Leine. Werfen Sie den Gegenstand über ihn hinweg, später dann auch einige Meter neben ihn.

Ihr Hund darf den Gegenstand immer dann haben, wenn er bis zu Ihrer Freigabe sitzen geblieben ist. Steht er ohne Signal auf, dann heben Sie selbst den Gegenstand auf und gestalten den nächsten Durchgang einfacher.

Der Kern des Ganzen: Das Apportieren

Das Apportieren ist eine Verhaltenskette. Sie setzt sich zusammen aus dem Hinrennen zum Dummy, den Dummy ins Maul nehmen, damit zu seinem Menschen zurückrennen, ihn dabei ordentlich zu tragen, sich hinzusetzen und erst dann loszulassen, wenn der Mensch ihn abnimmt. Ordentliches und ruhiges Tragen bedeutet, dass der Vierbeiner nicht auf dem Dummy herumbeißt (= knautschen) und ihn schön mittig fasst.

Übungsaufbau „Apportieren"

Es gibt viele Möglichkeiten, Ihrem Hund das Apportieren beizubringen, z. B. mit Hilfe des Clickers. Die hier vorgestellte Variante erfolgt ohne den Clicker, sondern mit Hilfe des Futterbeutels.

- Befüllen Sie einen Futterbeutel mit etwas, das Ihr Hund sehr gerne frisst. Er soll Ihnen dabei zuschauen.
- Lassen Sie Ihren Hund den Beutel leer fressen. Wiederholen Sie dies drei Mal.
- Füllen Sie den Beutel erneut mit wenig Brocken, schließen Sie ihn halb und legen Sie ihn auf den Boden. Sobald Ihr Hund den Beutel ins Maul nimmt, loben Sie ihn und öffnen den Beutel zum Fressen. Sechs Wiederholungen.
- Schließen Sie den befüllten Beutel nun komplett und legen Sie ihn wieder zu Boden. Sobald der Hund den Beutel ins Maul nimmt, wird er belohnt. Fünfzehn Wiederholungen.
- Leinen Sie Ihren Hund am Brustgeschirr an. Sobald er den am Boden liegenden, gefüllten Beutel ins Maul nimmt, locken Sie ihn zu sich. Falls er stattdessen versucht, den Beutel alleine zu öffnen, ziehen Sie ihn ganz sanft an der Leine zu sich hin. Gehen sie dabei rückwärts. Ihr Hund wir belohnt, wenn er sich mit dem Beutel auf Sie zu bewegt.
- Lassen Sie den Hund nach und nach rückwärtsgehend immer näher zu sich kommen, bevor Sie ihn belohnen.
- Sobald Ihr Vierbeiner ganz bis zu Ihnen gelaufen ist, strecken Sie Ihre Hand unter die Hundeschnauze, um den Beutel direkt aus der Schnauze in Empfang zu nehmen. Belohnen Sie den Hund nur noch, wenn der Beutel in Ihrer Hand landet.
- Beginnen Sie erst jetzt ein Signal zum Apportieren einzuführen (zum Beispiel „Apport" oder „Bring's mir"). Während Sie das Signal sagen, deuten Sie mit der Hand zum Beutel.
- Kombinieren Sie nun die Übung „Steadyness" (Seite 40) mit dem Apportieren.

Wasserspiele

Diese Dummy-Übungen muss der jagdlich geführte Hund auch am und im Wasser beherrschen. Wenn Sie Zugang zu einem Gewässer haben und Ihr Hund gerne schwimmt, probieren Sie die beschriebenen Übungen doch auch mal in der nassen Variante aus!

Stolzer Lolle: Auch für andere Apportierspiele kann statt des Dummys ein Futterbeutel verwendet werden.

Denksport: Das Markieren

Beim Markieren sitzt der Hund neben seinem Menschen. Es ertönt ein Geräusch, das einen Schuss simulieren soll, dann wird ein Dummy im hohen Bogen von einer Hilfsperson geworfen. Der Hund soll sich genau merken, wo dieser Dummy liegt. Er wird anfangs sofort und später nach einiger Wartezeit dorthin geschickt. Beim Fun-Dummytraining kann das Markieren auch ohne Hilfsperson geübt werden.

Übungsaufbau „Markieren"

- Lassen Sie Ihren Hund auf einer Wiese oder auf einem Weg sitzen und bleiben.
- Entfernen Sie sich etwa 20 Schritte.
- Werfen Sie nun mit Geräusch den Dummy oder den Futterbeutel auf den Weg oder auf kurzen Rasen.
- Geben Sie kurz darauf das Signal zum Apportieren und belohnen Sie den Hund für das Bringen des Gegenstandes.
- Wiederholen Sie diese Variante so oft, bis Ihr Hund ohne suchen zu müssen zum Gegenstand rennt und ihn aufnimmt.
- Verlängern Sie den Zeitabstand, bevor Ihr Hund loslaufen darf.
- Vergrößern Sie die Distanz zwischen sich und dem Hund.
- Variieren Sie den Untergrund: Je höher der Bewuchs, desto schwieriger ist es für den Hund.
- Werfen Sie den Dummy, gehen Sie nun zum Hund zurück und laufen Sie eine kleine Runde mit ihm bei Fuß, bevor er vom ursprünglichen Ausgangspunkt die Markierung holen darf.
- Platzieren Sie sich nun so, dass Ihr Hund nur die halbe Flugbahn des Dummys sehen kann: Entweder, Sie stehen hinter einem Busch oder der Dummy landet hinter einem Busch.
- Werfen Sie zwei Dummys im 180-Grad-Winkel aus. Gehen Sie zum Hund zurück und lassen Sie ihn erst den einen Dummy holen und dann den anderen.
- Verkleinern Sie den Winkel zwischen den Dummys.
- Werfen Sie drei Dummys und mehr.
- Werfen Sie einen Dummy an eine markante Stelle, gehen Sie zum Hund zurück und lassen Sie ihn zuerst eine andere Übung machen. Schicken Sie ihn danach von der Stelle aus, an der er beim Wurf der Markierung gestanden hat, zum Dummy.
- Je nachdem, was für ein Gelände Ihnen zur Verfügung steht, können Sie durchaus Markierungen bis zu 100 Metern Distanz werfen.

TIPP

Je höher der Bewuchs, desto kürzer sollte die Distanzen zwischen Hund und dem zu markierenden Dummy sein.

Je nach Trainingsstand des Hundes kann man bei einer Markierungs-Übung bis zu einer Minute warten, bevor der Hund zum Apport losgeschickt wird.

Jagdlicher Hintergrund

Bei der Jagd soll der Hund sich merken, wo am Ufer eines Sees die Enten geschossen werden und zu Boden fallen. Nachdem die Schützen ihr Feuer einstellen, werden die Hunde losgeschickt, um die toten Enten einzusammeln. Das sollen sie möglichst schnell und effizient tun. Daraus lassen sich dann auch die nächsten Fächer ableiten: Das Einweisen und die Kleine Suche.

Da geht's lang: Einweisen

Wenn der Hund beim Jagdgeschehen nicht sehen kann, wo das Wild geschossen wird, dann muss der Mensch seinem vierbeinigen Jagdhelfer die ungefähre Stelle mitteilen. Das nennt man Einweisen. Das heißt, der Hund wird auf eine Stelle ausgerichtet und soll so lange voran laufen, bis der Befehl zur kleinen Suche kommt. Im Folgenden wird der Aufbau des Voranschickens erklärt. Weitere Anleitungen finden Sie in entsprechender Literatur zum Dummytraining (siehe Serviceteil).

Übungsaufbau „Einweisen“

- Lassen Sie Ihren Hund in etwa zehn Metern Entfernung zu einem freistehenden Baum oder Busch sitzen und bleiben.
- Legen Sie gut sichtbar für Ihren Hund an diesen Baum einen attraktiven Gegenstand oder Futter ab.
- Gehen Sie zum Hund zurück und positionieren ihn so links von sich im Sitz, sodass er exakt auf den Gegenstand ausgerichtet ist.
- Nehmen Sie die Körperhaltung für das Startritual ein. Sobald Ihr Hund in die richtige Richtung schaut, wird er mit „Voran“ und einer kleinen Vorwärtsbewegung losgeschickt.
- Freuen Sie sich laut, sobald Ihr Hund in gerader Linie am Zielpunkt angekommen ist!
- Wiederholen Sie die Übung maximal drei Mal.

TIPP

Wenn Sie Gegenstände an einem oft als Erinnerungsstütze verwendeten Baum („Übungsbaum“) ablegen, ohne dass der Hund das mitbekommt, arbeitet er „halbblind“. Er macht so die Erfahrung, dass er hat, obwohl er das Auslegen der Gegenstände nicht gesehen hat.

Schwierigkeiten einbauen

- Vergrößern Sie die Distanz zum Busch/Baum.
- Verändern Sie den Winkel, in dem Sie den Hund zum Baum schicken.
- Legen Sie mehrere Gegenstände ab und lassen Sie sie hintereinander vom Hund holen.
- Schicken Sie den Hund über Hindernisse und kreuzende Wege voran.
- Lassen Sie die Gegenstände auf einem geraden, breiten Weg sichtbar für den Hund fallen, gehen Sie weiter und schicken Sie ihn nach etwa dreißig Metern zurück.
- Kombinieren Sie das Voranschicken mit der kleinen Suche.

Aus der Einweisen-Übung lassen sich viele tolle Konzentrationsübungen ableiten.

Die kleine Suche

Die sogenannte „kleine Suche“ ist im Jagdbetrieb dann nötig, wenn auch der Mensch nur ungefähr weiß, wo das erlegte Wild liegen könnte. Der Hund wird also an den Ort geschickt, an dem das Wild vermutet wird, um dort zu suchen. So kommt er schneller zum Erfolg, als wenn er die gesamte Fläche absuchen müsste.

Übungsaufbau „kleine Suche“

› Lassen Sie Ihren Hund an einer Wiese sitzen und Ihnen zusehen, wie Sie auf einer Fläche von etwa einem Quadratmeter mehrere Leckerchen auf den Boden streuen.

› Geben Sie Ihren Hund frei. Während er die Leckerchen sucht, sagen Sie ununterbrochen „Suchsuchsuch!“. Stoppen Sie erst, sobald er alle Leckerchen gefunden hat.

Bei der kleinen Suche soll Springer Spaniel Jarla einen definierten Bereich intensiv absuchen.

- Wiederholen Sie diesen Übungsschritt mindestens zehn Mal auf unterschiedlichen Untergründen und um Büsche und Bäume herum.
- Geben Sie das Signal für die kleine Suche nur dann, wenn Sie Ihren Hund vorangeschickt haben und er am Zielpunkt angekommen ist.
- Verstecken Sie nun einen kleinen Apportiergegenstand. Sobald Ihr Hund zufällig in dessen Nähe vorbeiläuft, geben Sie das Such-Signal.
- Im nächsten Schritt schicken Sie Ihren Hund mit „Voran!" auf einen Baum zu. Auf der Hälfte der Strecke haben Sie vorher unbemerkt einen Gegenstand versteckt. Stoppen Sie Ihren Hund mit dem Suchsignal genau an der richtigen Stelle.
- Festigen Sie das Such-Signal, indem Sie es immer dann geben, wenn Ihnen ein Leckerchen heruntergefallen ist.

Verlorensuche

Wenn weder Mensch noch Hund sehen konnten, wo das geschossene Wild liegt, ist eine weiträumige Suche nötig. Hierzu wird dem Vierbeiner eine Fläche zugewiesen, zum Beispiel eine Wiese oder ein Waldstück, welche er systematisch absuchen soll.

Übungsaufbau „Verlorensuche"

- Halten Sie Ihren Hund am Brustgeschirr fest und werfen Sie den Apportiergegenstand in eine hohe Wiese.
- Lassen Sie Ihren Hund mit dem zukünftigen Signal für die Verlorensuche los.
- Sobald er den Gegenstand gefunden hat, loben und belohnen Sie ihn. Wiederholen Sie diesen Übungsschritt maximal drei Mal.
- Lassen Sie Ihren Hund sitzen. Gehen Sie in einem Bogen von ihm weg und täuschen Sie an verschiedenen Stellen an, den Gegenstand hinzulegen. Legen Sie ihn an einer der Stellen tatsächlich ab. Kehren Sie zum wartenden Hund zurück und schicken Sie ihn mit dem gewohnten Signal los.
- Vergrößern Sie die Fläche, auf der Sie den Gegenstand verstecken.
- Werfen Sie den Gegenstand möglichst weit von Ihrer Spur weg.
- Wechseln Sie die Untergründe: Je höher der Bewuchs, desto schwieriger ist die Suche.
- Verstecken Sie den Gegenstand erhöht in Bäumen oder auf Mauern.
- Lassen Sie Ihren Hund hinter einem Busch oder Ähnlichem bleiben, sodass er nicht sehen kann, wie Sie den Gegenstand verstecken.
- Wechseln Sie den Gegenstand – je kleiner, desto schwieriger!

TIPP

Für das Fun-Dummytraining kann man die Verlorensuche, die auch Stöbersuche genannt wird, sowohl drinnen als auch draußen durchführen.

Dreiecksübung

Diese Übung verbessert die Impulskontrolle Ihres Hundes und die Zuverlässigkeit des Kommsignals – und macht dem Vierbeiner gleichzeitig viel Spaß! Der Name Dreiecksübung kommt daher, weil es bei diesem Spiel drei Positionen gibt: Sie, Ihren Hund und ein Spielzeug oder Futter.

So sieht das Spiel aus

Prinzipiell geht es darum, dass der Vierbeiner sitzen bleibt, während Sie Futter oder Spielzeug auslegen und sich dann selber positionieren. Anschließend rufen Sie Ihren Hund zu sich und schicken ihn zur Belohnung (zum Futter oder Spielzeug) hin, die vorher noch als Ablenkung gedient hat. Je nach Anordnung der drei Ecken, also dem Futter/Spielzeug, dem Hund, und Ihnen selber, reicht der Schwierigkeitsgrad dieser Übung von sehr leicht bis ausgesprochen anspruchsvoll.

Sichern Sie Ihren Hund anfangs mit einer langen Leine, so dass er nicht ohne Ihre Erlaubnis zur Belohnung gelangen kann. Gestalten Sie die Übung zuerst ganz einfach: Positionieren Sie alle drei Parameter zunächst eher auf einer Linie anstatt in einem Dreieck. Sobald Ihr Hund ohne Zögern zu Ihnen kommt, können Sie sich an schwierigere Varianten herantasten.

Spielzeug, Hund und Mensch bilden eine Linie. Sobald der Vierbeiner das Komm-Signal befolgt hat, darf er sich das Spielzeug holen.

Übungsaufbau „Dreiecksübung“

- Lassen Sie Ihren Hund im Sitz oder Platz bleiben.
- Legen Sie etwa zehn Schritte hinter ihm die Ablenkung ab, zum Beispiel ein Spielzeug.
- Gehen Sie nun wieder etwa zehn Schritte am Hund vorbei. Nun bilden das Spielzeug, Ihr Hund und Sie eine Linie.
- Rufen Sie Ihren Vierbeiner zu sich. Sobald er angekommen ist, bekommt er keine Belohnung, sondern wird stattdessen zum Spielzeug hingeschickt. Spielzeit!

Falls Ihr Hund versuchen sollte, ohne den Umweg über Sie zur Ablenkung zu gelangen, halten Sie ihn kommentarlos mit der langen Leine auf. Er wird wieder zu seiner vorigen Position gebracht und die Übung wiederholt. Kommt Ihr Hund bereits ohne zu zögern, dann lassen Sie die Ablenkung nach und nach immer mehr in sein Gesichtsfeld rücken.

Spiele mit der Hetzangel

Hunde lieben die Hetzangel! Kein Wunder, darf unser kleiner Jäger hier doch ganz legal einem seiner ursprünglichsten Triebe, dem Hetzen, frönen. Aber die Angel bedeutet nicht nur Hetzspaß, sondern an ihr kann auch wunderbar der Gehorsam des Hundes verbessert werden.

So sieht das Spiel aus

Das Hetzangeltraining lässt sich in drei Phasen unterteilen:

- Spiel mit der Angel.
- „Bleib“ und Impulskontrolle an der sich bewegenden Angel.
- Abrufen oder Stoppen an der Angel.

Vorbereitung: Verletzungen vorbeugen

Für das Hetzangel-Spiel ist die Wahl des Untergrundes sehr wichtig: Eine gepflegte Wiese oder ein Sandplatz sind optimal. Denn Ihr Hund wird beim Hetzen alles um sich herum vergessen, sodass der Boden keine Trittlöcher oder andere Gefährdungen aufweisen darf.

Da das Spiel ziemlich anstrengend ist, darf es nur mit gesunden, aufgewärmten Vierbeinern durchgeführt werden. Nach dem Spiel ist ein Cool-down in Form von langsamer, gleichmäßiger Bewegung sinnvoll, damit Erregung und Erhitzung langsam wieder abklingen können. Hunde, die sich im Wachstum befinden, sollten nur wenige Minuten ohne scharfe Wendungen an der Angel spielen. Generell sollte die Angel nicht mehr als zweimal pro Woche zum Einsatz kommen.

Gleich hab ich's! Das Hetzen einer Beute ist für viele Jagdhunde das Höchste der Gefühle. Auch für Jack Russell Terrier Quentin!

Übungsaufbau Phase 1: Spiel mit der Angel

- Nehmen Sie die Angel in die eine Hand und die an die Angelschnur gebundene Beute in die andere. Bewegen Sie die Beute so, wie Sie es bei jedem anderen Spiel tun, und werfen Sie sie dann weg.
- Sobald der Hund hinterherrennt, lassen Sie die Beute zucken.
- Bewegen Sie die Beute so, wie sich ein flüchtender Hase verhalten würde: Er bewegt sich ausschließlich von dem Hund weg! Er ändert die Richtung, schlägt Haken und springt.
- Der hinterherrennende Hund soll die Beute früher oder später bekommen. Das Packen können Sie ankündigen, indem Sie kurz vorher „Pack's!“ oder etwas Ähnliches sagen.
- Nehmen Sie dem Hund die Beute stets freundlich ab, indem Sie sie gegen Fressen eintauschen (siehe auch Seite 68/69).
- Wechseln Sie erst zur zweiten Phase, wenn Ihr Hund nicht mehr genug vom Angel-Spiel kriegen kann.

Produkttipp

Die Angel ist ein eineinhalb Meter langer Stab mit einer etwa ein Meter langen Schnur dran. An der Schnur befindet sich eine weiche „Beute“, zum Beispiel ein Stofftier, ein Lappen oder auch ein Stück Fell – Hauptsache, es kann den Hund nicht verletzen, falls Sie ihn damit versehentlich am Kopf treffen.

Schön warten bis zur Freigabe: Das nächste Mal darf die Angel bereits etwas heftiger bewegt werden.

Übungsaufbau Phase 2: Impulskontrolle

- Lassen Sie Ihren Hund sitzen oder liegen.
- Senken Sie in einiger Entfernung zum Hund die Beute an der Angel ganz langsam und spannungsvoll zu Boden.
- Verharrt Ihr Hund brav in seiner Position, geben Sie ihn nach wenigen Augenblicken frei, damit er die Beute hetzen darf. Gestalten Sie jeden Durchgang etwas anspruchsvoller, indem Sie die Angel immer heftiger bewegen.

Falls Ihr Vierbeiner ohne Freigabe aufsteht, halten Sie einfach die Angel in die Luft, sodass er keinen Erfolg hat. Anschließend wiederholen Sie Ihre Anweisung in ruhigem Ton und reizen ihn etwas weniger mit der Beute. Wechseln Sie erst zur dritten Phase, wenn Ihr Hund problemlos fünfzehn Sekunden bis zur Freigabe sitzen oder liegen bleiben kann.

Übungsaufbau Phase 3: Abrufen und stoppen

- Rufen Sie Ihr Sitz- oder Platz-Signal genau in einem Moment, in dem sich Ihr Hund gerade weiter weg von der Beute befindet oder er wegen einer Wendung langsamer ist.
- Ziehen Sie die Angel nun sofort nach oben aus der Reichweite des Hundes.
- Sobald Ihr Hund das Signal ausgeführt hat, bekommt er die Freigabe und darf wieder hetzen und die Beute bekommen.
- Führt Ihr Hund das Signal zügig aus, dann ist er bereit dafür, dass Sie den Moment für Ihr Signal variieren: Verkleinern Sie den Abstand zwischen Vierbeiner und Beute bis auf wenige Zentimeter!
- Im nächsten Schritt heben Sie die Angel nicht mehr sofort nach dem gegebenen Signal hoch, sondern bewegen sie zunächst langsam, später schnell am Boden weiter.

Variante: Abrufen

Zusammen mit einer Hilfsperson können Sie an der Hetzangel auch schön das Abrufen aus ablenkungsreichen Situationen üben.

- Lassen Sie die Hilfsperson mit Ihrem Hund und der Angel spielen. Entfernen Sie sich dabei ein wenig und rufen oder pfeifen Sie Ihren Vierbeiner. Die Hilfsperson nimmt *sofort* nach Ihrem Ruf/Pfiff die Angel hoch.
- Sobald Ihr Hund gekommen ist, schicken Sie ihn als Belohnung wieder zur Angel hin. Oder Sie halten eine zweite Angel mit noch beliebterer Beute parat und spielen selbst mit Ihrem Hund.
- Wenn Ihr vierbeiniger Angel-Profi sich problemlos abrufen lässt, kann die Hilfsperson die Angel nach dem Rufen am Boden weiterbewegen.

TIPP

Liebt Ihr Hund die Hetzangel? Dann setzen Sie sie doch als Belohnung ein! Sie können zum Beispiel immer ein bestimmtes Wort sagen, mit dem Sie das Spiel ankündigen. Hat der Hund das Wort mit dem Spiel verknüpft, lässt es sich im Notfall wunderbar als Rückruf einsetzen. Nehmen Sie für unterwegs nur Schnur und Beute mit.

Variante: Vorstehen

Viele Jagdhundrassen bieten von sich aus das Vorstehen an der Hetzangel an. Dann wird die Hetzangel zur Reizangel! So geht's: Bewegen Sie die Angel ganz langsam. Sobald Ihr Hund die Beute mit seinem Blick fixiert und erstarrt, loben Sie ihn mit ruhigen Worten. Geben Sie nun das Signal zum Packen und bewegen Sie gleichzeitig die Angel ruckartig vom Hund weg. Nur auf ein Signal hin darf Ihr Hund die Beute bekommen.

Hetzspiele: Gemeinsam rennen!

Gemeinsam Gas zu geben ist für alle Vierbeiner eine tolle Sache. Deswegen macht es Sinn, Spaß und Nutzen zu verbinden, indem Sie ein Signal für das gemeinsame Rennen aufbauen. Auf die Plätze, fertig, los!

Übungsaufbau „Gemeinsam rennen“

- Lassen Sie Ihren Hund auf einem geraden Wegstück die Bleib-Position einnehmen.
- Entfernen Sie sich etwa 30 Schritte von ihm.
- Drehen Sie sich zu Ihrem Vierbeiner um und schreien Sie etwas Mitreißendes wie „Looos geeeht's!“. Rennen Sie danach so schnell wie möglich von Ihrem Hund weg.
- Ihr Hund wird nun begeistert hinter Ihnen herstürmen.
- Sobald er Sie eingeholt hat, belohnen Sie ihn mit einem ausgelassenen Spiel.
- Wiederholen Sie die Übung maximal zweimal am Stück, das nächste Mal dann wieder auf dem nächsten größeren Spaziergang. Nach insgesamt etwa fünfzehn Wiederholungen können Sie testen, ob Ihr Hund auf das Signal reagiert, indem Sie es rufen und losrennen, wenn er mal zufällig zurückgeblieben ist oder seitlich von Ihnen läuft.

Dieses Spiel wird Ihren Hund vermutlich aufregen. Spielen Sie es deswegen nicht zu oft und achten Sie direkt im Anschluss darauf, dass er sich bald wieder abregt.

Wenn Sie Ihren Hund nicht ableinen können, dann sichern Sie ihn durch eine lange Schleppleine oder eine flotte Hilfsperson. Eine Schleppleine ist auch dann sinnvoll, wenn Sie einen jungen, mit überschäumendem Temperament ausgestatteten Hund haben. Vor lauter Enthusiasmus könnte er vergessen, mit Ihnen Kontakt zu halten, und einfach mit Vollgas weiterlaufen.

Varianten

Wenn Sie auf dem Fahrrad oder mit dem Pferd unterwegs sind, kündigen Sie das zügige Bergabfahren oder den Galopp mit demselben Signal an.

Rennen ist ansteckend und macht einen Riesenspaß. Petra und Pointer-Mix Merlin geben gemeinsam Gas!

Spaß und Belohnung: Buddeln!

Lob muss keineswegs nur aus Leckerchen und Spielzeug bestehen: Wir können vieles, was unsere Hunde gerne machen, als Lob einsetzen und zur Verbesserung des Gehorsams nutzen, zum Beispiel das Buddeln.

Aber auch schwimmen, andere Hunde begrüßen, sich in Stinkendem wälzen, rennen, spielen, nach Müll stöbern und ihn fressen, Wildspuren verfolgen, im Garten die Vögel hochscheuchen, am Strand entlangrasen – dies alles sind Verhaltensweisen, die *selbstbelohnend* und daher ausgesprochen attraktiv sind. Im Folgenden wird beispielhaft am Buddeln erklärt, wie Sie selbstbelohnendes Verhalten als Belohnung einsetzen können und dafür sorgen, dass Ihr Hund sich dabei jederzeit abrufen lässt.

Übungsaufbau „Buddeln als Belohnung“

› Treten Sie nah an Ihren bereits buddelnden Hund heran.
› Sagen Sie seinen Namen, damit er zu Ihnen guckt oder geben Sie ihm das Signal zum Sitzen.
› Wenn Ihr Hund entsprechend reagiert, geben Sie ihn sofort wieder frei und lassen ihn weiterbuddeln.
› Wenn Ihr Hund nicht reagiert, dann sagen Sie so etwas wie „Äh-äh“ oder

Stop! Cameron soll das Buddeln unterbrechen und Blickkontakt aufnehmen.

„Schade“. Das soll ankündigen, dass der Buddel-Spaß jetzt beendet wird, er sich also nicht weiter selbst belohnen darf. Dann ziehen Sie ihn sanft am Geschirr ein kleines Stück vom Buddelloch weg.

- Geben Sie erneut Ihr Signal. Sobald Ihr Hund es ausführt, darf er wieder zum Loch rennen und weiterbuddeln.
- Wiederholen Sie diesen Übungsschritt noch einige Male am selben Loch.
- Wenn Sie Ihren Weg fortsetzen wollen, lassen Sie Ihren Hund neben dem Buddelloch sitzen, entfernen Sie sich und geben dann das Signal für Ihr Hetzspiel zu Fuß und rennen dabei weg.
- Nach etwa fünfzehn Wiederholungen an verschiedenen Buddellöchern, verteilt auf mehrere Tage, werden Ihre Anforderungen strenger: Nur wenn Ihr Hund sofort reagiert, darf er weiterbuddeln. Reagiert er nicht, dann leinen Sie ihn an und gehen mit ihm weiter – ohne erneute Chance auf dieses Buddelloch.
- Üben Sie die Ansprache in immer größer werdender Entfernung zum Hund.

Buddeln – aber wo?

Buddeln ist ein toller Ausgleich für jagdlich interessierte Vierbeiner. Es macht müde und der Hund kann wenig Schaden anrichten – vorausgesetzt, Sie achten drauf, dass die Buddelstelle geeignet ist: Landwirtschaftlich genutzte Flächen, Weiden, Wege und Gärten sind natürlich tabu. Aber zum Glück lernen Hunde stark ortsgebunden und verstehen recht schnell, wo das Buddeln erlaubt ist und wo nicht.

Gut gemacht! Zur Belohnung gibt Katja das Zeichen zum Weiterbuddeln.

Hetzangel & Co. selber machen

Inzwischen gibt es Unmengen an Hundezubehör zu kaufen. Doch viele der in diesem Kapitel verwendeten Utensilien lassen sich mit einfachen Mitteln selbst herstellen. Do it yourself!

Hetzangel

Die Hetzangel ist ein etwa eineinhalb Meter langer Stab mit einer etwa einen Meter langen Schnur am oberen Ende. Der Stab kann ein Ast (z. B. Haselnuss) sein, den Sie mit dem Messer/Schmirgelpapier bearbeiten, sodass er keine rauen Kanten mehr hat.

Als Hetzobjekt nehmen Sie auf jeden Fall etwas Weiches, zum Beispiel ein Stofftier, ein Tuch oder Fellspielzeug. Knoten Sie das Hetzobjekt einfach ans andere Ende der Schnur – und fertig ist Ihre Hetzangel!

Tupfstab

Für den Tupfstab benötigen Sie nur einen Stab und einen kleinen Schwamm. Der Schwamm wird an einem Ende des Stabs befestigt, bei Holz zum Beispiel per Tacker oder Nagel. Für die Flüssigkeit, die Sie tupfen möchten, nehmen Sie einen kleinen Plastikeimer. Sowohl der Schwamm des Tupfstabs als auch der Eimer müssen nach jeder Nutzung sorgfältig gereinigt werden!

Als Angelstab eignet sich ein ausrangierter Besenstiel oder ein Teleskopstab wunderbar.

Das Schwamm-Stück wird an den Stock genagelt – Fertig ist der Tupfstab!

Flaschen für Spritzfährten

Nehmen Sie eine gewöhnliche Plastikflasche. Mit abgedrehtem Deckel lassen sich die deutlichsten, also am einfachsten zu arbeitenden Spritzfährten legen (bzw. schütten). Wenn Sie den Deckel wieder aufschrauben und ein Loch hinein stechen, wird die geschüttete Spur bereits wesentlich feiner. Richtig anspruchsvoll wird es mit einer Sprühflasche. Stellen Sie jedoch unbedingt sicher, dass sich vorher in den Flaschen keine schädlichen Substanzen befunden haben!

Eine Spritzfährte wird durch die Menge des verschütteten Duftwassers schwieriger oder einfacher – je nach Größe der Öffnung.

Duftspurwasser

Für das Wasser für die Spritz- und Tupffährten übergießen Sie einen etwa drei Zentimeter langen Streifen Leberwurst mit kochendem Wasser. Anschließend gut schütteln! Getrockneter Pansen, in warmes Wasser eingelegt, und auch das Kochwasser von Hühnerherzen und anderen Innereien eignen sich ebenfalls bestens.

Futterbeutel

Sie erhalten Futterbeutel in allen Größen und Materialien im Handel, auch mit Fell. Letztendlich tut es aber auch ein ausrangiertes Feder- oder Schlampermäppchen, um es mit ein wenig Futter zu füllen und apportieren zu lassen. Futterbeutel lassen sich auch mit Feuchtfutter auffüllen. Eine anschließende, sorgfältige Reinigung ist dann Pflicht.

Futterbeutel gibt es in allen erdenklichen Ausführungen – ein Schlampermäppchen eignet sich aber ebenso gut.

Spiele für drinnen

Fixierspiel

Das Fixierspiel erscheint uns Menschen recht unspektakulär, doch es gibt kaum einen Vierbeiner, der dieses Spiel nicht mag.

Dabei soll der Hund ein Leckerchen in Ihrer Hand mit dem Blick angespannt verfolgt. Dann wird dieses Leckerchen ganz plötzlich weggeworfen und er darf es sich schnappen! Dieses Spiel kann auch mit Spielzeug gespielt werden.

Übungsaufbau „Fixierspiel"

- Hocken oder knien Sie sich vor Ihren sitzenden oder stehenden Hund.
- Nehmen Sie ein interessantes, gut sichtbares Leckerchen in die Hand.
- Halten Sie es auf Augenhöhe des Hundes hin und bewegen Sie es dort in Zeitlupe wenige Zentimeter hin und her.
- Werfen Sie es dann plötzlich mit einem animierenden Wort oder Geräusch weg und lassen Ihren Vierbeiner hinterherhechten.

Falls Ihr Hund aufsteht oder versucht, Ihnen das Leckerli aus der Hand zu stibitzen, ziehen Sie die Hand kurz weg und beginnen Sie von vorne. Verlängern Sie nur langsam die Zeitdauer, in der Ihr Hund den Keks fixiert. Sein Blick soll dabei mit möglichst hoher Anspannung und geschlossenem Maul der Handbewegung folgen. Es kann sein, dass er das anfangs nur eine Sekunde lang schafft.

Das Leckerchen bewegt sich in Zeitlupentempo. Spannung!

Blickkontakt

Lassen Sie sich erst angucken, bevor Ihr Hund tolle, neue Dinge haben darf! Denn unsere Vierbeiner lieben es, spannende Dinge zu entdecken und sind bereit, einiges dafür zu tun.

Wenn Sie ein neues Spielzeug gekauft oder Ihrem Hund etwas zum Knabbern mitgebracht haben, dann nutzen Sie diese interessanten Dinge einfach mal für diese Übung, die die Bindung zu Ihrem Hund aufpolieren wird.

Erst angucken, dann losspielen!

Übungsaufbau „Blickkontakt“

- Halten Sie Ihren Hund am Geschirr fest.
- Werfen Sie den zu erkundenden Gegenstand etwa einen Meter weg oder deponieren Sie ihn vorher im Raum. Sorgen Sie dafür, dass er jetzt noch nicht zum Objekt seiner Begierde hinlaufen kann.
- Warten Sie nun geduldig ab, bis Ihr Hund Sie anschaut.
- Geben Sie jetzt Ihr Freigabesignal und lassen Sie Ihren Hund sofort los.

Sollte Ihr Vierbeiner bei den ersten Durchgängen nicht auf die Idee kommen Sie anzuschauen, dann helfen Sie ihm nach etwa zwanzig Sekunden, indem Sie seinen Namen sagen. Sobald er reagiert, wird er losgelassen.

Das Freigabesignal

Mit dem Freigabesignal hat der Hund die Erlaubnis loszulaufen, wohin er möchte. Nutzen Sie es, wenn Sie ihn zum Beispiel ableinen, er nach „Bei Fuß“ und nun wieder laufen darf, er aus der Bleib-Position aufstehen darf oder wenn Sie Ihn zu einer Belohnung hinschicken möchten.

Sockenkiste

Die Sockenkiste ist ein tolles Konzentrationsspiel für „Nasenhunde".

Befüllen Sie einen leeren Schuhkarton mit ausrangierten Socken, Handschuhen und anderen Stoffteilen. Eine der Socken wird mit Leckerchen befüllt. Der Hund soll mit Hilfe seiner Nase die richtige Socke suchen und aus dem Karton herausziehen.

Beim Sockenspiel gilt: je größer die Kiste, desto anspruchsvoller.

Übungsaufbau „Sockenkiste"

- Lassen Sie Ihren Hund sitzen und warten.
- Befüllen Sie vor seinen Augen eine Socke und knoten Sie diese zu.
- Legen Sie die Socke zu den anderen in die Kiste und legen Sie vorerst nur wenige andere Socken darüber.
- Geben Sie das Freigabesignal und eventuell als Hilfe das Such-Signal, welches Sie verwenden, wenn Ihnen ein Leckerchen auf den Boden gefallen ist.
- Sobald Ihr Hund die richtige Socke gefunden hat, loben Sie ihn und schütten die Leckerchen für ihn aus der Socke heraus.
- Benutzen Sie möglichst immer dieselbe Socke zum Befüllen.

Verstecken Sie nach und nach die Socke immer tiefer unter den anderen Socken. Sie können auch zusätzlich zusammengeknülltes Zeitungspapier in die Kiste packen, damit die Kiste gut gefüllt ist und Ihr Hund etwas mehr wühlen muss.

Als Variante verstecken Sie die Leckerchen in Zeitungspapier oder in einer leeren Klopapierrolle. Wenn Ihr Hund die mit Leckerchen bestückten Papierknubbel findet, darf er sie selbst auspacken – ein Fest für „Zerreißprofis"!

Leckerchen fischen

Dieses Spiel ist genau das Richtige für heiße Sommertage! Sie benötigen lediglich einen Eimer oder eine Schale mit Wasser und verschiedene Leckerchen – schwimmende und nicht schwimmende.

Ihr Hund wird großen Spaß daran haben, die Leckerchen im Wasser zu erbeuten und sich dabei den Kopf zu kühlen. Am besten verlagern das Spiel auf den Balkon, die Terrasse oder den Garten – sonst droht Überschwemmungsgefahr ...

Übungsaufbau „Leckerchen fischen"

- Werfen Sie ein paar schwimmende Leckerchen in den Eimer.
- Lassen Sie Ihren Hund die Leckerchen herausfischen und fressen.
- Werfen Sie nun nicht-schwimmende Leckerchen in den Eimer oder eventuell zunächst in eine flache Schale.
- Lassen Sie Ihren Hund auch hiernach tauchen oder mit den Pfoten danach angeln.

Eine lustige Variante für draußen ist das Erbeuten von schwimmenden Leckerchen oder einem Spielzeug aus einem fließenden Bach. Erhöhen Sie den Schwierigkeitsgrad, indem der Hund erst nach dem Freigabesignal loslegen darf.

Gar nicht so einfach, die Kekse zu schnappen, denn unter Wasser ist alles anders.

Zerren und Ausgeben

Manche Jagdhunde, besonders Terrier und Co., lieben Zerrspiele und können sich damit so richtig schön auspowern. Zu einem aufregenden Zerrspiel gehört allerdings auch ein zuverlässiges Signal zum Hergeben der Beute!

Verwenden Sie ein möglichst langes Spielzeug, mindestens 30 Zentimeter. Denn durch den größeren Abstand ist das Risiko geringer, dass doch mal ein Hundezahn die spielende Menschenhand erwischt. Außerdem finden Vierbeiner lange Zerrspielzeuge toll!
Neben den klassischen, robusten Tauen gibt es inzwischen auch Fellschwänze mit Schlaufe und herrlich weiche Fleece-Taue. Auch Bälle mit Seil, ein Stück Feuerwehrschlauch oder die klassischen Beißwürste eignen sich gut zum Zerren und Zergeln.

Übungsaufbau

- Wählen Sie einen Raum mit ausreichend viel Platz und einem möglichst rutschfesten Boden.
- Je nachdem wie sensibel Ihr Hund ist, stellen Sie sich seitlich neben ihn oder frontal gegenüber. Je sensibler, desto seitlicher.

Die Auswahl an Zerrspielzeug im Handel ist gigantisch – hier nur ein kleiner Überblick.

- Halten Sie das Spielzeug hinter dem Rücken und hochwertiges Futter in der Tasche bereit.
- Kündigen Sie dieses Spiel zukünftig immer mit demselben Wort an, zum Beispiel „Zerren!“, und holen Sie das Spielzeug hinter Ihrem Rücken hervor.
- Zerren Sie nun kurz mit Ihrem Hund!
- Sagen Sie „Tauschen!“ oder „Aus!“ und halten Sie dem Hund neben die Schnauze eines Ihrer tollsten Leckerchen.
- Während Ihr Hund frisst, nehmen Sie das Spielzeug hinter Ihren Rücken. Dann starten Sie erneut das Spiel.
- Beenden Sie das Spiel stets mit demselben Pausen-Signal, zum Beispiel „Schluss“ oder „Ende“.

Manche Hunde lieben sehr stürmische Zerrspiele und lassen sich gern richtiggehend mitschleifen. Andere mögen es, wenn Ihr Mensch mit ihnen am Boden liegt und etwas sanfter zergelt. Achten Sie darauf, dass Sie nur so lange spielen, wie Ihr Hund die Beute noch gerne gegen Kekse eintauscht.

Signal „Zerren!“

Durch das Signal, das Sie zu Beginn des Zerrspiels sagen, können Sie Ihren Hund nun auch draußen leicht zu diesem Spiel animieren – auch in Situationen, in denen Ihr Hund eigentlich gerade nicht so in Spielstimmung ist.

Ist Quentin richtig in Zerrlaune, wird das anschließende Signal zum Herausgeben der Beute mit Leckerchen unterstützt.

Geruchsunterscheidung

Das Schöne an der Geruchsunterscheidung ist, dass sie den Hund auslastet, dafür jedoch kaum Bewegung notwendig ist. So lässt sie sich wunderbar drinnen oder im Garten üben und ist für wirklich alle Vierbeiner geeignet.

So sieht das Spiel aus

Ein tolles Hilfsmittel, um Ihrem Hund die Geruchsunterscheidung beizubringen, ist die Scent-Box. Das Ziel ist dabei, dass Ihr Vierbeiner entweder lernt, einen bestimmten Duftstoff zu suchen (Target-Duft) oder genau den Duftstoff zu finden, den er vorher zu riechen bekommen hat (Memory). Hat Ihr Hund erst eins der beiden Prinzipien verstanden, dann lassen sich diese wunderbar in weitere Nasenarbeitsspiele integrieren. Zunächst jedoch lernt Ihr Hund die Suche nach Futter und das richtige Loch in der Box anzuzeigen.

Die **Scent-Box** ist eine längliche Holzkiste, in der sich Plastikbecher befinden. Der Deckel der Box schließt so, dass die Becher jeweils durch den Deckel gut abgedeckt werden. Über jedem Becher befinden sich drei Löcher, durch die der Hund bei geschlossenem Deckel den Inhalt des jeweiligen Bechers erschnuppern kann. Die Scent-Box gibt es in zwei verschiedenen Größen zu kaufen. Sie finden auf Seite 78 aber auch Ideen zum Selberbasteln einer solchen Kiste. Vor dem allerersten Einsatz der Box geben Sie Ihrem Hund die Gelegenheit, die Box von innen und außen zu erkunden.

Die Anzeige

Die meisten Vierbeiner zeigen durch Kratzen oder Lecken, dass sie das richtige Loch gefunden haben. Dies nennt man **natürliche Anzeige.** Sie müssen sich nun entscheiden, ob Sie mit dieser natürlichen Anzeige weiterarbeiten wollen, oder ob Sie eine **künstliche Anzeige** einführen möchten. Diese könnte zum Beispiel so aussehen, dass sich Ihr Hund vor das richtige Loch hinsetzt oder -legt. Auch das Auflegen einer Pfote, der Schnauze oder ein Anzeigen durch Bellen ist möglich. Voraussetzung ist, dass Ihr Hund das gewünschte Anzeigeverhalten bereits auf ein Wortsignal hin ausführen kann.

Eine Scent-Box besteht aus einem Holzkasten mit Deckel, in dem sich mehrere Behälter befinden.

Irgendwo in dieser Kiste riecht es verführerisch – nur wo?

Übungsaufbau „Einführung der Scent-Box“

- Lassen Sie Ihren Hund vor der Box sitzen und zuschauen.
- Suchen Sie sich einen Becher in der Scent-Box aus, den Sie jetzt und zukünftig mit Futter befüllen.
- Stellen Sie den Becher in die Scent-Box. Die anderen Becher bleiben leer.
- Geben Sie Ihrem Hund die Freigabe zum Aufstehen. Er wird vermutlich automatisch zur Box gehen.
- Zeigen Sie ihm der Reihe nach die Löcher an der Box.
- Sobald Ihr Hund am richtigen Loch schnuppert, können Sie clicken oder das Verhalten anderweitig markern und den Hund loben.
- Öffnen Sie den Deckel und geben Sie Ihrem Hund eine Belohnung aus dem Becher.

Wiederholen Sie diesen Trainingsschritt maximal zwei Mal, dann machen Sie eine Pause. Üben Sie verteilt auf mehrere Tage beziehungsweise Wochen und wechseln Sie stets die Position des Bechers innerhalb der Scent-Box.

TIPP

Arbeiten Sie eine Geruchsunterscheidung niemals mehr als drei Mal hintereinander! Falls Ihr Hund nicht an den Löchern schnuppern möchte, legen Sie ein imaginäres Leckerchen auf das richtige Loch. Diese Handbewegung reicht oft als Anreiz aus.

Erkennen Sie an der Körpersprache des Hundes, dass er am richtigen Loch schnuppert? Kratzt oder leckt er zum Beispiel am richtigen Loch? Dann haben Sie jetzt schon die natürliche Anzeige!

Sobald Ihr Hund konzentriert an den Löchern schnuppert, statt zu versuchen, die Box zu öffnen oder ähnliches, können Sie mit der Einführung einer künstlichen Anzeige beginnen:

Übungsaufbau: Künstliche Anzeige

- Lassen Sie Ihren Hund wie gewohnt die Leckerchen in der Scent-Box suchen. In dem Moment, in dem er am richtigen Loch schnuppert, geben Sie das Signal für das zukünftige Anzeigeverhalten, zum Beispiel „Platz“, wenn Sie möchten, dass Ihr Hund sich zur Anzeige hinlegt.
- Sobald der Hund es ausführt, ertönt als Bestätigung ein Click und er bekommt die Belohnung aus der Hand, und zwar in der Position des Anzeigeverhaltens.

Wiederholen Sie das Einführen des künstlichen Anzeigeverhaltens mindestens zehn Mal mit Pausen über mehrere Tage verteilt. Testen Sie, ob Ihr Hund das Anzeigeverhalten tatsächlich mit dem Finden des richtigen Lochs verknüpft hat, indem Sie kein Wortsignal geben, wenn der Hund am richtigen Loch schnuppert. Zeigt er das Anzeigeverhalten trotzdem? Dann belohnen Sie ihn mit einem Jackpot: einer besonders großen oder hochwertige Belohnung! Füh-

Cocker Spaniel Lucy zeigt eine künstliche Anzeige, indem sie sich hinlegt und die Pfote auflegt.

ren Sie diesen Test noch etwa fünf Mal durch. Zeigt Ihr Hund in mindestens vier Versuchen ohne Hilfe und ohne Zögern an, können Sie mit der Einführung des Target-Dufts oder dem Memory weitermachen.

Egal, ob Sie sich für die natürliche oder die künstliche Anzeige entscheiden – wichtig ist nur, dass Sie vorerst nur eine der beiden Varianten aufbauen, um Ihren Hund in der Anlernphase nicht zu verwirren.

Beherrscht Ihr Vierbeiner die eine Variante gut, dann können Sie auch die andere einführen – vorausgesetzt, Sie nehmen dazu ein anderes Suchsignal. Wie so ein Suchsignal eingeführt wird, folgt gleich im Übungsaufbau. Die

Ein Teebeutel ist ein prima Target-Duft. Der Hund schaut beim Hineinlegen zu.

TIPP

Belohnen Sie das künstliche Anzeigeverhalten wirklich nur, wenn Ihr Hund direkt vorher am *richtigen* Loch geschnuppert hat.

Variante „Target-Duft“ wird als erste vorgestellt. Überlegen Sie sich ein Signal, welches Sie dem bleibenden Hund zukünftig statt der Freigabe sagen, zum Beispiel „Vanille!“, wenn der Geruch Vanille ist, oder „Search!“ oder auch „Vanille Search!“, falls Sie vorhaben, mehrere Target-Düfte aufzubauen. Dieses Signal verwenden Sie zukünftig immer dann, wenn Ihr Hund diesen Geruch suchen soll.

Übungsaufbau „Suchsignal“

- Legen Sie den ausgewählten Geruch gemeinsam mit den Leckerchen in den bisher benutzten Becher. Stellen Sie den Becher in die Box und schließen Sie den Deckel.
- Sagen Sie statt der Freigabe das neue Such-Signal, bevor Sie wie gewohnt auf die Box zeigen.
- Ihr Hund wird wie immer das Leckerchen suchen, anzeigen und ganz nebenbei den neuen Geruch wahrnehmen und mitverknüpfen. Wiederholen Sie diesen Schritt noch zwei Mal.
- Befüllen Sie nun die anderen Becher mit anderen Gerüchen. Im „Leckerchen-Becher“ sind wieder Leckerchen und der Target-Duft.
- Wiederhole Sie diesen Schritt viele Male über mehrere Tage verteilt.
- Lassen Sie nun das Leckerchen im Becher weg. Der Becher riecht zwar als Hilfe noch danach, aber der Geruch ist geringer.

Was ist ein Target-Duft?

Sie können als Duft Öle, Teebeutel oder anderes aus Ihrem Haushalt verwenden. Wechseln Sie für die Öle gelegentlich das Material des Geruchsträgers (Holz, Glasscheibe, Taschentuch, Bierdeckel usw.). So gehen Sie sicher, dass Ihr Hund wirklich den Geruch sucht und nicht die Kombination aus Geruchsträger und Geruch.

- Wiederholen Sie diesen Schritt so oft, bis Ihr Hund den Becher ohne zu zögern anzeigt.
- Tauschen Sie den alten „Leckerchen-Becher“ nun gegen einen ganz neuen, neutral riechenden Becher aus.
- Befüllen Sie den neuen Becher mit dem Target-Duft und lassen Sie Ihren Hund wie gewohnt danach suchen.
- Sobald er den richtigen Becher anzeigt, bekommt er einen Click und den Jackpot!
- Wiederholen Sie diesen Schritt einige Male.
- Integrieren Sie den erlernten Target-Duft in andere Varianten der Nasenarbeit.

Geruchs-Memory

Bevor Sie mit dem Geruchs-Memory in der Scent-Box beginnen, spielen Sie zunächst das „Tütenspiel“. Überlegen Sie sich außerdem ein Suchsignal, zum Beispiel „Memory“. Dies sagen Sie zukünftig immer dann, wenn Ihr Hund in die Tüte hineinschnuppert.

So sieht das Tütenspiel aus

Legen Sie ein Leckerchen in einen kleinen Gefrierbeutel. Ihr Hund schaut dabei zu. Halten Sie ihm die Tüte aufgekrempelt zwischen Daumen und Zeigefinger hin, sodass er mit der Nase versuchen kann, die Finger auseinander zu schieben, um an das Leckerchen zu gelangen. So lernt Ihr Hund freudig die Nase in die Tüte zu stecken und zu schnuppern, das nennt man „anriechen“. Jetzt können Sie mit dem Memory beginnen.

Übungsaufbau „Geruchs-Memory“

- Legen Sie einen Geruch, zum Beispiel einen Teebeutel, gemeinsam mit einem Leckerchen in einen Becher der Scent-Box.
- Bereiten Sie dieselbe Mischung aus Leckerchen und Geruch in einem kleinen Gefrierbeutel vor.
- Lassen Sie Ihren Hund in die Tüte riechen und sagen Sie statt der Freigabe das neue Suchsignal.
- Sobald Ihr Hund das richtige Loch anzeigt, bekommt er einen Click und einen Jackpot.
- Ihr Hund wird neben dem Leckerchen auch den neuen Geruch wahrnehmen und mitverknüpfen. Wiederholen Sie diesen Schritt noch zwei Mal.
- Befüllen Sie nach einer Pause einen *anderen* Becher mit Leckerchen plus einem *anderen, neuen* Geruch, sowie eine Tüte mit demselben Inhalt.
- Der erste Becher wird komplett aus der Box herausgenommen.
- Geben Sie Ihrem Hund zum Anriechen die neue Tüte.
- Sobald er den richtigen Becher anzeigt, bekommt er wie immer Click und Belohnung.

Wiederholen Sie diesen Schritt noch zwei Mal und wechseln Sie dann erneut den Geruch (also auch den Becher). Üben Sie jeweils drei Mal mit einem neuen Geruch, dann wird wieder gewechselt. Üben Sie insgesamt mit sechs verschiedenen Gerüchen. Waschen Sie alle Becher sehr sorgfältig aus, sodass der Futtergeruch möglichst ganz verschwindet. Als nächstes schleichen Sie die Leckerchen aus diesem Spiel aus:

- Befüllen Sie nun die anderen Becher mit Gerüchen – aber *ohne* Leckerchen!
- Stellen Sie unter jedes Loch des Boxendeckels einen dieser befüllten Becher.
- Der Becher, der gesucht werden soll, enthält als einziger wieder ein Leckerchen. Das Gleiche gilt für die Anriech-Tüte.
- Wiederholen Sie die Variante mit Leckerchen noch zwei Mal. Dann wird dieser Becher wieder geleert, gesäubert und *ohne* Leckerchen in die Box gestellt.
- So verfahren Sie jetzt mit jedem Geruch, der sich in Ihrer Scent-Box befindet.
- Dann säubern Sie alle Becher gründlich, nun wird ohne Leckerchen geübt!
- Wenn Ihr Hund den richtigen Becher anzeigt, bekommt er einen Click und den Jackpot! Wiederholen Sie diesen Schritt so oft, bis Ihr Vierbeiner ohne zu zögern das Memory in der Box beherrscht.

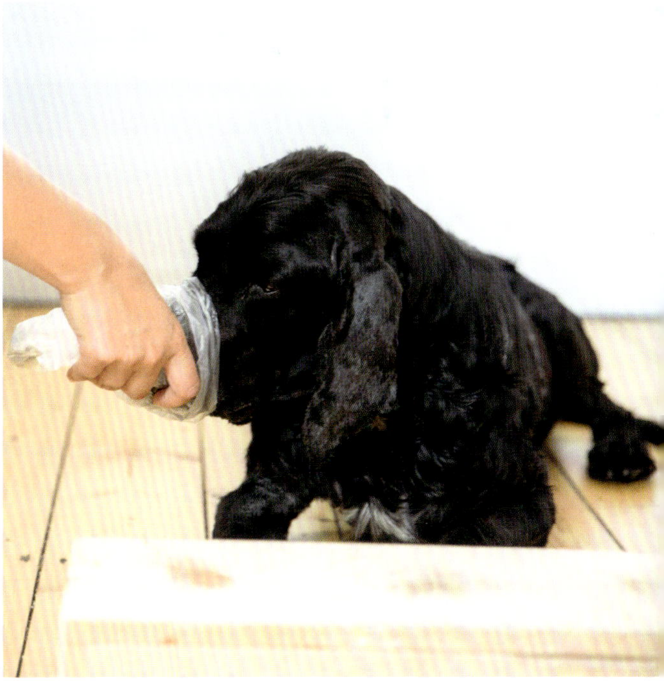

Die Anriech-Tüte wird gefüllt, damit Lucy einen tüchtigen „Riecher“ des gesuchten Geruchs daraus nehmen kann.

Scent-Box & Co. selber machen

Manchmal muss ein selbstgemachtes Trainingsutensil überhaupt nicht so aussehen wie die gekaufte Variante – und trotzdem funktioniert es hervorragend. Lassen Sie Ihrer Kreativität freien Lauf!

Scent-Box

Scent-Boxen sind zu zivilen Preisen im Onlineshop erhältlich. Es geht aber auch einfacher: Stellen Sie Tonblumentöpfe mit Loch im Boden umgedreht in einer Reihe auf oder nehmen Sie stattdessen Puderzuckerdosen aus Metall, in deren Deckel Sie Löcher stechen. Diese Do-it-yourself-Varianten funktionieren allerdings nur mit eher ruhigen, vorsichtigen Vierbeinern. Sollte Ihr Hund liebend gerne Töpfe mit den Pfoten umhauen oder mit der Schnauze in Dosen beißen, nehmen Sie doch besser eine richtige Box.

Statt einer gekauften Scent-Box können auch Plastikkegel, umgedrehte Blumentöpfe oder Dosen, in deren Deckel ein Loch gestochen wird, verwendet werden.

TIPP

Stellen Sie zum Suchen die Gegenstände etwas erhöht auf. Das hindert manchen Hund daran, ein Chaos anzurichten, anstatt zu suchen.

Zerrspielzeug

Spielen Sie oder jemand in Ihrer Familie Tennis? Dann haben Sie alles, um im Handumdrehen ein prima Wurf- und Zerrspielzeug herzustellen: Nehmen Sie eine ausrangierte Tennissocke. Stecken Sie einen Tennisball hinein und knoten Sie das offene Ende zu – fertig! Das Spielzeug lässt sich wunderbar werfen oder zum Zerren einsetzen. Wenn Sie noch eine Schnur an das schlabbrige Ende knüpfen, kann man damit sogar tolle Hetzspiele spielen.

Wenn Sie an einen alten Feuerwehrschlauch gelangen können, haben Sie ein tolles Ausgangsmaterial für ein Zerr- und Beißspielzeug. Mit etwas Sand befüllt, kann das Volumen beliebig vergrößert werden, sodass es sich gut werfen lässt.

Stoffsäckchen

Die bunten Stoffsäckchen links im Bild eignen sich hervorragend für die Geruchsunterscheidung, zum Beispiel beim Scent Hurdle Racing (siehe Seite 88): Aus Stoffresten genäht und z. B. mit einem Knopf zum Verschließen.

Aus einer ausrangierten Socke und einem Tennisball lässt sich ein vielseitiges Spielzeug herstellen.

Sportarten für Jagdhunde

Mantrailing

Mantrailing ist der englische Ausdruck für die Personensuche mit Hund. Der Vierbeiner lernt dabei, die Spur von fremden Personen zu verfolgen und die gefundene Person anzuzeigen, zum Beispiel durch Hinsetzen vor der entsprechenden Person.

Damit der Hund weiß, wen er suchen soll, bekommt er am Startpunkt eine Geruchsprobe der Person präsentiert. Die Suche findet an einer drei bis zehn Meter langen Leine statt, die an einem speziellen Suchgeschirr befestigt wird. Mantrailing ist auf allen erdenklichen Untergründen möglich – also sowohl im Grünen, im Wohngebiet als auch in der Innenstadt und in Kaufhäusern.

Man weiß noch nicht zu hundert Prozent, was genau der Hund eigentlich beim Mantrailen riecht. Er scheint aber auf jeden Fall die Hautschuppen der gesuchten Person, die jeder Mensch sekündlich verliert, zur Hilfe zu nehmen. Auf den Hautschuppen sitzen Bakterien, die im Zersetzungsprozess Gase freisetzen. Der Geruch ist so individuell, dass der Hund die Spur sogar auf einem großen Hauptbahnhof verfolgen kann. Das Wetter und der Verkehr können die eigentlich simple Suche für den Hund jedoch enorm erschweren. Bei großer Hitze, Starkregen und tauendem Schnee hält sich die Spur nur kurz. Starker Wind und vorbeifahrende Fahrzeuge können die Spur förmlich zerfetzen. Auf großen Plätzen mit Asphalt hingegen gibt es nur wenige Punkte, an denen sich die Spur fangen kann. Hier kommt der Mensch ins Spiel, der den Hund an solchen Punkten unterstützt.

Für wen?

Für alle „nasenorientierten“ Jagdhunde, besonders für Beagle, Bracken und Vorstehhunde.

Mantrailing für Jagdhunde

Gemeinsam „Schnitzeljagd“ zu spielen stärkt die Bindung enorm! Der Vierbeiner lernt beim Mantrailing außerdem, sich draußen auf eine bestimmte Aufgabe zu konzentrieren. Die Spurarbeit ist vor allem für Hunderassen geeignet, die darin auch ihren jagdlichen Einsatz finden würden, wie zum Beispiel Beagle und Bracken. Auch für Hunde, die (noch) nicht ohne Leine laufen dürfen, ist das Mantrailing ideal, denn hier sind sie die ganze Zeit an der langen Suchleine.

Mantrailing lernen

Die Personensuche wird inzwischen in vielen Hundeschulen und von privaten Gruppen als Hobby angeboten. Doch es gibt auch die Möglichkeit, sich einer Organisation anzuschließen, um sich für Ernsteinsätze ausbilden zu lassen.

So toll und faszinierend Mantrailing ist – es gibt auch einen Wermutstropfen: Die Sportart ist unheimlich zeitaufwendig. Je nachdem, wie die Gruppe organisiert ist, müssen die Hunde, die gerade nicht an der Reihe sind, stundenlang im Auto warten.

TIPP

Manche Jagdhunde suchen in Wohngebieten besser als im Grünen, da in der Stadt die Ablenkung durch Wild beziehungsweise dessen Spuren, die ein Jagdhund meist schlechter ausblenden kann, geringer ist.

Tief die Nase in die Tüte, den Geruch der gesuchten Person merken, und los geht’s!

Gefunden! Am Ende einer Mantrailing-Suche wartet die gesuchte Person natürlich mit einer tollen Belohnung.

Flächen- und Trümmersuche

Die Flächen- und Trümmersuche wird vor allem von Rettungshundestaffeln angeboten – mit ernstem Hintergrund: So ausgebildete und geprüfte Hunde werden zu Naturkatastrophen oder Unfällen gerufen.

Auch in Situationen, in denen eine Person in Wald oder Feld vermisst wird, kommen Flächensuchhunde zum Einsatz. Diese lernen, großräumig Wald, Feld und Wiese freilaufend und mit hoher Nase nach menschlichem Geruch abzusuchen. Wenn ein Flächensuchhund eine verletzt wirkende Person gefunden hat, soll er diese anzeigen. Das kann er entweder durch Lautgeben tun: dann bellt er so lange, bis sein Hundeführer bei ihm ist. Oder er wurde als sogenannter Bringselverweiser ausgebildet. Ein Bringsel ist ein kleiner Apportiergegenstand, der am Halsband des Hundes befestigt ist. Wenn der Hund eine Person gefunden hat, nimmt er diesen Gegenstand ins Maul, läuft zu seinem Hundeführer zurück und dieser folgt nun seinem Hund zu der gefundenen Person. Durch das Bringsel im Maul teilt der Hund seinem Führer mit, dass er ein Opfer gefunden hat.

Für wen?

Für alle ausdauernden Läufer mit guter Nase, zum Beispiel Setter, Vorstehhunde und sportliche Retriever.

Die Trümmersuche funktioniert ähnlich, nur muss der Hund sich hier wegen der eventuellen Einsturzgefahr sehr vorsichtig bewegen.

Flächensuche für Jagdhunde

Von den Grundvoraussetzungen her sind Jagdhunde prädestiniert für diese Arbeit: Es ist für sie selbstbelohnend, ihre Nase einzusetzen und sich viel und schnell zu bewegen. Sie lösen sich in der Regel gut und weit von ihrem Hundeführer. Doch gerade das kann auch zum Problem werden, denn Flächensuchhunde arbeiten teilweise außerhalb der Sicht des Hundeführers und man muss sich absolut auf sie verlassen können. Doch in der Natur befinden sich nicht nur vermisste Personen, sondern auch jede Menge Wild. Der Rettungshund muss also das Wild ignorieren und sich weiter auf seine Suche konzentrieren.

Flächensuche lernen

Wer seinen Hund als Rettungshund ausbilden möchte, benötigt mehrmals in der Woche viel Zeit für das Training. Es wird nicht nur die Suche trainiert, sondern auch der Grundgehorsam und verschiedene Geräte als Vorbereitung auf die Prüfung. Der Mensch muss sich ebenfalls in diversen Themen wie Orientierung und Erste Hilfe weiterbilden.

„Hier ist wer!“ Der Weimaraner zeigt durch lautes Bellen an, dass seine Suche erfolgreich war.

Longiertraining

Viele Ideen im Hundetraining stammen ursprünglich aus der Pferdeszene. Ob das beim Longiertraining ebenso war, ist im Nachhinein schwer zu sagen, aber die Vermutung liegt nahe.

Die Grundidee ist jedenfalls ähnlich: Der Mensch steht in einem mit Flatterband markierten Kreis, alternativ kann man auch einen Drainage-Schlauch aus dem Baubedarf verwenden, und der Hund bewegt sich um diesen Kreis herum. Im Gegensatz zum Fluchttier Pferd lässt sich der Hund allerdings schwer treiben. Stattdessen lehren wir ihm über Belohnung, dass er den Kreis umrunden soll. Ein bewegungsfreudiger Hund findet sehr schnell Spaß daran und das Ganze wird für ihn selbstbelohnend.

Bei diesem Kreistraining verbessern Sie als Mensch enorm Ihre Körpersprache. Ihr Hund lernt, sich zügig zu bewegen und Sie dabei im Blick zu behalten, damit er Ihre Anweisungen für die Richtungswechsel nicht verpasst. Diese Kombination aus Bewegung und Konzentration ist erstaunlich anstrengend und lastet Ihren Hund wunderbar aus.

Für wen?

Für alle Jagdhunde, die gerne laufen und sich auf Distanz gut führen lassen, zum Beispiel Spaniel und Vorstehhunde.

Im Kreis rennen und Herrchens Signale mitbekommen: höchste Konzentration bei Coffee.

Ganz nebenbei lernt der Vierbeiner, sich auf Distanz lenken und stoppen zu lassen – und zwar im vollen Lauf! Ist dieses erste Ziel erreicht, werden zunächst das Flatterband und später die Befestigungen für das Band schrittweise abgebaut. Sie können Ihrem Hund beibringen, andere Gegenstände, Bäume oder Menschen und Hunde zu umrunden, sodass Sie ein neues Hobby für den Spaziergang haben.

Eine weitere Steigerung entsteht, wenn sich im Innenkreis eine Ablenkung befindet, zum Beispiel Artgenossen oder jemand, der mit seinem Hund spielt. Es können Hürden und andere Hindernisse am Kreis aufgebaut und Tricks auf Distanz eingeübt werden. Man kann an mehreren Kreisen gleichzeitig arbeiten oder auch mit mehreren Vierbeinern gleichzeitig an einem Kreis. Sie merken schon: Hier warten viele Herausforderungen auf Sie und Ihren Kreisläufer!

Longieren für Jagdhunde

Wenn Sie Ihren Hund nicht ableinen können, lässt sich diese Sportart auch angeleint durchführen. Oder Sie trainieren in einem eingezäunten Gelände. Viele Jagdhunde werden darauf selektiert, sich auf Distanz lenken zu lassen, was dieser Sportart sehr zugute kommt. Gerade Spaniel und Vorstehhunde haben am Longieren besonders viel Spaß. Letztlich kann sich im Grunde jeder Hund für diesen Sport begeistern, der sich gerne bewegt.

Longieren lernen

Viele Hundeschulen bieten mittlerweile das Longieren an. Es gibt leichte Unterschiede in den Varianten und im Aufbau – schauen Sie es sich einfach einmal an.

Für Fortgeschrittene: Noch schwieriger wird es, wenn im Inneren des Kreises ein Hund spielt.

Hürdenrennen „mit Geruch“

In den USA ist diese Sportart schon lange bekannt, in Europa erst seit wenigen Jahren: Hürdenrennen mit Geruchsunterscheidung – „Scent Hurdle Racing“.

In den deutschsprachigen Ländern noch recht unbekannt, erfreut sich das Hürdenrennen mit Geruchsunterscheidung, auch Scent Hurdle Racing genannt, in den USA schon seit den 70er Jahren großer Beliebtheit.

Dieser Sport ähnelt stark der bekannten Sportart Flyball, auch hier wird der Hund über vier Hürden voran geschickt. Im Unterschied zum Flyball liegen hinter den Hürden vier gleiche Gegenstände, zum Beispiel Plastikhanteln. Der vierbeinige Hürdenläufer soll nun den Gegenstand heraussuchen, der nach seinem Menschen und ihm selbst riecht. Dann apportiert er ihn über die vier Hürden zurück. Das Ganze kann als Mannschaftssport gespielt werden, also ähnlich wie ein Staffellauf, bei dem man gegen eine andere Mannschaft antritt.

Das Spiel geht einerseits auf Zeit, andererseits gibt es Strafpunkte für ausgelassene Hürden, falsch ausgesuchte Apportel und so weiter. In der offiziellen Version macht der Hund eine Eigengeruchsunterscheidung, sucht also alles, was nach ihm selbst beziehungsweise seinem Menschen riecht. Sie können aber auch den Gegenstand suchen lassen, der nach einem Targetduft riecht (siehe Seite 75) oder Sie können auch hier mit einem Geruchsmemory (Seite 76) spielen. In diesem Fall bekommt Ihr Hund am Start den Geruch präsentiert, den er dann nach der Überwindung der vier Hürden suchen und zurückbringen soll. Die Duftstoffe lassen sich zu diesem Zweck hervorragend in kleine Stoffsäckchen stecken, von denen es jeweils zwei optisch gleiche gibt. Die Säckchen sind unter dem Stichwort „Geruchsmemory“ im Onlinehandel käuflich erhältlich. Sie lassen sich jedoch auch ganz prima selber herstellen (siehe Kapitel „Scent-Box & Co. selber machen“).

Für wen?

Für alle agilen Jagdhunde, egal welcher Größe, zum Beispiel Terrier, Dackel, Kleine Münsterländer – aber auch alle „Großen“ haben ihren Spaß daran.

„Scent Hurdle Racing“ für Jagdhunde

Das Hürdenrennen mit Geruchsunterscheidung vereint Action und Nasenarbeit: das Sausen über die Hürden und die ruhige Konzentration, um den richtigen Geruch zu finden – und das immer im

Beim Scent Hurdle Racing treten zwei Hunde gleichzeitig nebeneinander an, jeder an seiner Hürdenreihe. Heinz und Coffee trainieren heute aber alleine.

Wechsel. Ihr Jagdhund wird gar nicht anders können, als es zu lieben! Die Hürden lassen sich gut auf einem kleineren eingezäunten Gelände aufstellen, somit ist diese Sportart auch für Hunde geeignet, die nur in gesicherter Umgebung frei laufen dürfen.

Hürdenrennen lernen

Scent Hurdle Racing ist eine noch relativ unbekannte Sportart, daher wird es nicht in jeder Hundeschule „um die Ecke" angeboten. Stöbern Sie am besten ein wenig im Internet.

Klassische Bewegungssportarten

Agility, Zughundesport, Dogfrisbee und Co. weisen wenig jagdähnliche Charaktereigenschaften auf. Nichtsdestotrotz haben dabei viele Jagdhunde ihren Spaß, weil sie sich hierbei so richtig auspowern können. Beispielhaft stellen wir hier Agility und der Zughundesport vor.

Agility

Beim Agility gibt es Hindernisse, die zu einem Parcours aneinandergereiht werden: Tunnel, Slalomstangen, Hürden, Wippen und vieles mehr. Der Mensch führt den Hund im schnellen Tempo durch diesen Parcours und der Hund soll die Hindernisse ordnungsgemäß und gewissenhaft überwinden. Im Wettkampf kommt es dann auf die Zeit und einen möglichst fehlerfreien Lauf an.

Wer die Gelenke seines Hundes schonen möchte, für den gibt es das Hoopers-Agility. Die Hürden werden gegen Hoola-Reifen ausgetauscht und einige Geräte weggelassen. Das senkt die körperliche Belastung des Hundes, der Spaß hingegen ist genauso groß!

Für wen?

Für agile, mittelgroße Hunde wie zum Beispiel dem Parson Russell Terrier oder Novia Scotia Duck Tolling Retriever.

Zughundesport

Beim Zughundesport werden ein einzelner oder mehrere Hunde vor ein Fahrzeug gespannt und zieht dieses samt dem darauf stehenden Menschen. Die beliebtesten Varianten sind der Roller, auch Scooter genannt, ein dreirädriges Fahrzeug namens Trike und das normale Fahrrad, aufgerüstet mit einer Zugvorrichtung. Der Hund bekommt ein spezielles Zuggeschirr angezogen und wird dann mit einem Seil oder einem Alu-Bügel an das Fahrzeug geschirrt. Auf ein Signal hin startet der Hund und zieht das Fahrzeug in schnellstmöglichem Tempo. Auf die entsprechenden Richtungssignale hin biegt der Hund ab. Das Gelände muss halbwegs eben sein, im hügeligen Gelände kommt nur ein Mountainbike in Frage, bei dem Frauchen oder Herrchen ordentlich mitstrampeln müssen. Durch gute Bremsen am Gefährt können auch noch nicht so gut gehorchende Hunde diesen Sport ausführen. Bei der gemütlichen Variante wird der Vierbeiner mit einer speziel-

Beim Agility wird es niemals langweilig: Aus den vielen Elementen lassen sich unzählige Parcoursvarianten erstellen. Auch für kleine Sportkanonen.

len Deichsel vor eine Art Bollerwagen gespannt.

Zu all diesen Sportarten gibt es zahlreiche Bücher und DVDs – der beste Einstieg ist allerdings ein Kurs oder ein Seminar bei einem Profi.

Für wen?

Für Hunde mit einem Körpergewicht über 20 kg, die gesund und mindestens ein Jahr alt sind.

Service

Über die Autorin

Pia Gröning leitet im Kreis Recklinghausen die Hundeschule und das Seminarzentrum Pfotenakademie Ruhrgebiet. Ihre Schwerpunkte sind das Gehorsamkeitstraining (vor allem Antijagdtraining) und die Beschäftigung von jagdlich interessierten Hunden. Zu diesen Themen hält sie seit vielen Jahren Seminare und Vorträge.
Pia Gröning wird aktuell begleitet von ihrem Großen Münsterländer Alma und dem Field Spaniel Cookie aus dem Auslandstierschutz, die sie beide gelegentlich jagdlich führt.
Mehr zur Autorin unter www.pia-groening.de.

Pia Gröning mit ihren beiden Hunden Alma und Cookie.

Dank der Autorin

Ich möchte all meinen Freunden und Kunden danken, die an diesem Projekt mitgewirkt haben: Christina Förster für den vollen Einsatz beim Fotoshooting und allen zwei- und vierbeinigen Fotomodels, die perfekt umgesetzt haben, was wir vor die Linse kriegen wollten! Meinen eigenen Hunden und Pflegehunden danke ich, weil sie stets dafür sorgen, dass ich mir neue, spannende Beschäftigungen für sie einfallen lasse. Und natürlich danke ich allen Mensch-Hund-Teams, die ich in den letzten zwölf Jahren kennlernen durfte. Nur durch eure Hilfe konnte ich so viel Erfahrung mit den unterschiedlichsten Jagdhundetypen sammeln, die nun in dieses Buch eingeflossen ist.

Literatur-Tipps

Antonisse-Zijda, Tineke: Apportieren Schritt für Schritt. Über www.hund-und-freizeit.com

Gröning, Pia / Ariane Ullrich: Antijagdtraining. Wie man Hunde vom Jagen abhält. Mensch-Hund-Verlag, Zossen 2012

Hause, Bodo / Alfons Fieseler: Nasenarbeit. Ausbildung und Einsatz von Spezial- und Suchhunden. Verlag Eugen Ulmer, Stuttgart 2009

Jakob, Anja: Hundespiele für zu Hause. Denksport, Tricks und Spiele. Verlag Eugen Ulmer, Stuttgart 2013

Lehne, Anke: Zeitgemäße Jagdhundeführung. Im Alltag und im Revier. Oertel und Spörer, Reutlingen 2012

Sondermann, Christina: KauSpielSpaß für Hunde. Leckere Beschäftigungsideen einfach selbst gemacht. Verlag Eugen Ulmer, Stuttgart 2014

Sondermann, Christina: Einfach schnüffeln. Verlag Eugen Ulmer, Stuttgart 2011

Sondermann, Christina: Das große Spielebuch. Cadmos Verlag, Schwarzenbek 2014

Theby, Viviane / Michaela Hares: Das große Schnüffelbuch. Kynos Verlag, Nerdlen / Daun 2013

Theby, Viviane: Clickertraining leicht gemacht. Kynos Verlag, Nerdlen/Daun 2012

Weiß, Cordula: Hundespiele für unterwegs. Denksport, Tricks und Spiele. Verlag Eugen Ulmer, Stuttgart 2015

Winkler, Sabine: So lernt mein Hund. Kosmos Verlag, Stuttgart 2013

DVD-Tipps

Gröning, Pia: Hürdenrennen mit Geruchsunterscheidung (Scent Hurdle Racing). Dreh-Punkt, Himmelstadt 2011

Gröning, Pia: Longiertraining. Kommunikation, Konzentration, Bewegung & Beschäftigung. Dreh-Punkt, Himmelstadt 2009

Gröning, Pia: Nasenarbeit für jederhund. Sucht dein Hund noch oder findet er schon? Dreh-Punkt, Himmelstadt 2016

Niewöhner, Imke: Dummytraining, Dreh-Punkt, Himmelstadt 2008

Taetz, Alexandra: Apportiertraining für den apportierfreudigen Hund. Dreh-Punkt, Himmelstadt 2014

Dr. Blaschke-Berthold, Ute: Das Kleingedruckte in der Körpersprache des Hundes. Dreh-Punkt, Himmelstadt 2013

Williams, Alun / Monika Harmke / Ina Ziebler-Eichhorn: Mantrailing. Immer der Nase nach. Dreh-Punkt, Himmelstadt 2014

WWW-Tipps

www.pfotenakademie.de
Website der Autorin mit Informationen zu ihrer Hundeschule und ihren Seminaren sowie Trainingsvideos.

www.pia-groening.de/#kurs
Onlinekurs zum Thema Antijagdtraining mit Übungen, um Freilaufspaziergänge in der freien Natur mit Ihrem Jagdhund genießen zu können.

www.ajt-shop.de
Zubehör für den jagdlich interessierten Hund, zum Beispiel Dummys, Scent-Boxen und DVDs.

www.spass-mit-hund.de
Website von Christina Sondermann mit vielen Spielideen und Trainingsanleitungen.

Register

Bildnachweis

Alle Bilder im Innenteil, auf den Klappen und auf der Umschlagrückseite stammen von Christina Förster bis auf Seite 13 und 91 (Heike Schmidt-Röger) und Seite 85 (Sandra Hohmann).
Das Titelbild stammt von Silke Klewitz-Seemann.

Haftungsausschluss

Die in diesem Buch enthaltenen Empfehlungen und Angaben sind von der Autorin mit größter Sorgfalt zusammengestellt und geprüft worden. Eine Garantie für die Richtigkeit der Angaben kann jedoch nicht gegeben werden. Autorin und Verlag übernehmen keinerlei Haftung für Schäden und Unfälle. Der Leser sollte bei der Anwendung der in diesem Buch enthaltenen Empfehlungen sein persönliches Urteilsvermögen einsetzen.

Hinweis: Der Verlag Eugen Ulmer ist nicht verantwortlich für die Inhalte der im Buch genannten Websites.

Impressum

Bibliografische Information der Deutschen Nationalbibliothek
Die Deutsche Nationalbibliothek verzeichnet diese Publikation in der Deutschen Nationalbibliografie; detaillierte bibliografische Daten sind im Internet über http://dnb.d-nb.de abrufbar.

Wollgrasweg 41, 70599 Stuttgart (Hohenheim)
E-Mail: info@ulmer.de
Internet: www.ulmer.de

Lektorat: Adina Lietz, Kathrin Gutmann
Herstellung: Ulla Stammel
Umschlag-Gestaltung: Verlag Eugen Ulmer
Satz: Verlag Eugen Ulmer
Reproduktion: timeRay Visualisierung, Jettingen
Druck und Bindung: Westermann Druck Zwickau
Printed in Germany

ISBN 978-3-8186-0814-9